U0160705

庭院风骨
——树、灌、篱

［英］ 创意房主 著

李函彬 译

中国水利水电出版社
www.waterpub.com.cn
·北京·

北京市版权局著作权合同登记号：图字 01-2020-3011 号

图书在版编目（ＣＩＰ）数据

庭院风骨：树、灌、篱 / 英国创意房主著 ；李函彬译. -- 北京：中国水利水电出版社，2022.5
（庭要素）
书名原文：Trees Shrubs and Hedges For Your Home
ISBN 978-7-5226-0614-9

Ⅰ．①庭… Ⅱ．①英… ②李… Ⅲ．①庭院－景观设计 Ⅳ．①TU986.2

中国版本图书馆CIP数据核字(2022)第059021号

策划编辑：庄 晨　　　责任编辑：王开云　　　封面设计：梁 燕

书　　名	庭要素 庭院风骨——树、灌、篱 TINGYUAN FENGGU—SHU GUAN LI
作　　者	[英] 创意房主 著 李函彬 译
出版发行	中国水利水电出版社 （北京市海淀区玉渊潭南路 1 号 D 座 100038） 网址：www.waterpub.com.cn E-mail：mchannel@263.net（万水） 　　　　sales@mwr.gov.cn 电话：(010) 68545888（营销中心）、82562819（万水）
经　　售	北京科水图书销售有限公司 电话：(010) 68545874、63202643 全国各地新华书店和相关出版物销售网点
排　　版	北京万水电子信息有限公司
印　　刷	天津联城印刷有限公司
规　　格	210mm×285mm　16 开本　13 印张　399 千字
版　　次	2022 年 5 月第 1 版　2022 年 5 月第 1 次印刷
定　　价	78.00 元

安全第一

本书包含的所有概念和实操都经过安全评估，但安全操作之重要性，绝对值得反复强调。以下内容仅为建议指导，具体情况请根据常识进行甄别。

◆ 按照书中内容进行操作时请谨慎小心，并对其可行性和适用性做出明智判断。

◆ 在进行任何挖掘操作之前，首先要确定挖掘场地是否埋有水电管线。如有地下管线，应在挖掘时保留安全距离。地下管线可能为天然气管道、电线、通信线路或水管。在施工之前应先联络当地建管单位了解情况。你也可以向当地相关部门进行咨询，相关部门通常都会派工作人员前往现场帮助测绘并确定地下管线位置。注意：前业主可能在未经测绘的情况下安装过地下排水系统、洒水器或灯线等。

◆ 使用工具时，务必阅读并遵守厂家提供的使用说明。尤其应注意说明书上的警告内容。

◆ 时刻确保电力装置安全可靠；确保所有电线均无过载现象、电动工具及电源插座都妥善接地，并用接地故障电路断路器进行保护。

◆ 在使用化学制剂、使用电动工具切锯木材、修剪树木，以及用金属工具敲击其他金属或混凝土物体表面时，应全程佩戴眼部防护用具。

◆ 使用化学制剂、溶剂以及其他产品前务必阅读产品标签；使用时须保持通风；严格遵守产品警告信息。

◆ 在处理含毒素物体时，不要佩戴普通家用橡胶手套，而应选择加厚防化橡胶手套。

◆ 园艺操作中如遇粗糙平面、锋利边缘、尖刺或有毒植物，应佩戴相应手套，防止受伤。

◆ 若作业环境存在锯屑或有毒物质，应佩戴一次性口罩或过滤式防毒面罩。

◆ 在使用工具时，应时刻将身体和手部远离刀刃、切割机锯片，以及钻头等锋利部位。

◆ 在建造永久性建筑结构之前，须先获得当地建管部门的批准。

◆ 身体疲惫、饮酒或使用药物后请勿操作电动工具。

◆ 勿将小刀、锯片等锋利尖锐工具放入口袋进行携带。如需携带此类工具，应将其放入特制的工具护套中。

内容简介

若想成功打造一方绿茵园地，首先要因地制宜地挑选易于养护且抗病性强的植物品种，再予以妥善栽种以及悉心呵护。本书可以为你提供帮助与指导，让你离心中的理想花园更近一步。

　　乔木、灌木和树篱共同创造出花园的生态框架。乔木不仅可以提供阴凉、遮挡不美观的物体和区域，还能够打造碧草蓝天相连的视觉效果，并为茫茫冬日增添一份雅致与生机。灌木则可装点高大乔木与低矮草坪、花坛之间的空间，既可作为草本花卉的背景衬托，又能通过其形态、颜色和质感为花园提供四季美景，即使被冰雪覆盖也依旧别有韵味。乔灌木组成的树篱还是花园中的"活"围栏。这些木本植物易于养护且具有良好的耐性，是性价比极高的选择。虽然有些乔灌木可能是整个花园最为昂贵的植株，长为成树也需花上数年，但这样的金钱与时间投入绝对会换来物超所值的收获和回报。

　　本书所介绍的植物大多易于养护，能持久保持美丽的外观，又兼具良好的抗病虫害能力，各方面都是同类中的佼佼者。还有些木本植物，比如蔷薇，虽娇贵难养却又魅力难挡，让我们迎难而上也要将其种在园中。但其实无论多么娇贵的品种，只要适合种植园地的土壤、日照和气候，就可以有效预防绝大部分的问题。

　　乔木、灌木和树篱是园林景观中最为重要的组成部分。园中如果缺少一株百日菊、一丛芍药花，甚至是一块草坪都还无伤大雅，但若缺少了乔灌木的绿荫遮蔽，可能就需要对原本的园林设计进行一番工程浩大的改造了。本书包含大量的实用信息，教你如何才能挑选到适合自家园地的植物品种，同时还有其他翔实的资料，确保植株从一开始就能拥有良好的生长环境并受到妥当的呵护，从而健康地生长。长势好的植物不仅会成为园林景观中不可或缺的"骨架"结构，还能数年如一日地展现其迷人魅力。

杜鹃属植物　为落叶或常绿的阔叶植物，春季绽放一簇簇粉色、紫色或红色的花朵。

三四月份时，一株观花李树花开正盛，小巧玲珑的白花或粉花在出新树叶前开放。

茂密厚实的树篱墙为门前小径增添结构感和层次感，同时也让砖石铺面显得更为柔美。侧边的绣球正值花期，夏日当头盛开鲜艳的紫粉色花朵。

目录

第一部分

美化园林景观
乔木、灌木
和树篱

乔木、灌木和树篱是家庭园景的主心骨。因此，哪怕花上再多时间规划设计将其融入到全新或现有的园林景观中，都是值得的。规划阶段一定不能草草应对。只有置身其中、真正融入这一方园地，才能够做出让最舒适的改变。在房屋周围走上几圈，学习、研究园中已栽的大型乔灌木，从不同角度、不同时间进行观察，感受树木在日出、日落，甚至是阴雨天的不同风貌，用心去听、去看、去感受花园的一草一木，一呼一吸。

用心规划
悉心栽培

熟悉了解树皮和树叶的纹理、花果的生长以及植物轮廓的四季变化。掌握了这些有用的细节之后，你就可以更容易地找到适合自己的植物品种，享受红花绿叶带来的长足欢乐。

鸡爪枫 北美几乎所有地区都能找到适合种植的鸡爪枫。大多数园林景观中都能看到某种鸡爪枫的倩影。

设计依据

园林中可以种植的植物种类不胜枚举，但大部分人都只关注最受欢迎的那五十几种观赏花木。很少有人会去细品荚蒾那丁香般清甜迷人的芬芳；春日里在常绿树木衬托下盛放的樱桃树也鲜少有人问津；秋日中槭树、小檗、卫矛、多花蓝果树和唐棣那红叶似火的壮观美景也只有小部分人欣赏。

在用花木装点拓展自家花园之前，需先花时间去收集了解市面上关于植物品种的相关信息。信息的获取通常并非难事，且能帮你获得更加多元迷人的花园。你可以前往当地植物园和公共花园研究那里种植的花花草草，也可以与邻里街坊的园艺达人聊天取经，或是咨询当地的花卉商店。许多花卉商店都提供免费设计及有偿配送、种植、换货等服务。如果你的设计规划需要改变土地外廓或坡度，最好咨询园林建筑师。花卉商店的园林部通常会聘请经验丰富的园林建筑师，为顾客提供专业的帮助。此外，也可以询问亲朋邻里有无推荐。

边缘——草坪与林木交汇处 很适合种上一排草本植物，将围栏融入花木之中。对页上方图片就是很好的展示。从图中可以看到羽扇豆，以及当地原生的树木，如图中的云杉和桦木丛。

乔木和灌木 构成了园林结构框架。依照这些框架，可以决定其他景观的建造方位（左图）。乔灌木不仅能带来视觉享受，也可以将园林分成不同的活动区域。

观花乔木 在常绿树木的衬托下尤显迷人，如李树。飘落的花瓣铺满步道，让人更加向往。

植物尺寸会改变

在考量某一木本植物是否适合你的园林时，首先要考虑其成树尺寸。树木在不同的生长环境下长势也不同。在日照充足、空间开阔的园林中成年乔木可能要比生长在森林中的同种乔木低矮 30% ～ 50%，同时拥有更广阔的枝展，这是因为森林中的乔木为了与周围高大的树木争夺阳光，通常需要更努力地长高。同理，一棵生长在环境优渥适宜的花园中的乔木可能会长成参天大树，但若将其置于飞沙走石的山顶，可能就会长得低矮且奇形怪状。气候因素也对树木的生长有一定的影响。在某一生长范围内，长在较暖地区的植物通常都会拥有更为高大的躯干，也会更快地达到成树状态。而生长在较冷地区的同种植物则有较短的生长季，身形也相对低矮，同时需要更漫长的时间才能够长为成树。当你对各种植物的最终尺寸有所掌握之后，试着去想象一下其完全长成后会对园地造成怎样的影响，即成树尺寸是否能与园地形成良好恰当的比例。

矮种及垂枝松柏 植物有很多不同的颜色可以搭配，能够在不挤满空间的情况下为园林带来四季色彩（上图和右图）。

打造平衡感

平衡配置的园林植被可以给人以舒心踏实的即视感。为了实现这样的平衡感，首先要充分了解栽种植物的成树尺寸及树形。

若想打造自然风的平衡感，可以在园林中重复排列种类不同但尺寸和形态结构类似的灌木丛或乔木。如果想追求规则式平衡，可以种植单一种树木、对称种植，或挑选尺寸完全相同的树木，比如一排直立圆柱形乔木，或排布紧密、修剪规则的树篱。此外，也可以种上一系列身姿优雅的垂枝乔灌木。这些树木的枝条低低垂下，打造出如云朵一般轻盈随性的层次感，能够让排列整齐的树木看起来更为柔美，同时也可以打造出介于自然风与规则式之间的完美平衡。

图中绿化带包含了"蓝色地毯"平枝圆柏、"石榴石"鸡爪枫和各种浅色调的松柏植物。

平衡感是非常重要的设计因素。垂枝乔木固然优雅大气，但若非大型园林，仅种一棵便已足够。

园林中的尺度和构造

"尺度"指的是植物与周围物体比照下的尺寸及体量。恰到好处的尺度是植物释放迷人魅力的决定性因素。例如，在空阔绵延的草坪上种一棵参天大树便能打造令人屏息之如画美景，但若种植较为小型的乔木，则会显得乔木更为低矮，丧失了树木本身的吸引力。又如，一株幼年的蓝粉云杉在小巧的院落中十分和谐美丽，而随着其逐渐生长为成龄树，超过合适的尺度，便会使院子看起来较为逼仄。但这并不意味着小空间无法种植大尺度的植物。"构造"即植物的生长习性，是与尺度同样重要的因素。高大茂密、气势逼人的常绿植物可能会使小空间看起来更为拥挤、憋闷，但一棵树冠开敞、姿态轻盈的植物，如高挑且长有徒长枝的杜鹃，可能就是小型庭院花园所需的唯一木本植物。然而，如果想要在小空间打造多元化的植物配置，可以选择群植小型树种或矮种植物。黄杨木、冬青、刺柏和松树的矮种栽培种（人工栽培而非自然野生的品种）既可以为花园增添层次和质感，同时又免去了此类树木标准尺度过大的困扰。

可以灵活运用园林尺度这一要素来打造一些空间错觉。本页的图解展示了如何利用尺度让一个较浅的花园看起来更为深邃。可以将叶片较大的植物种在前面，将小叶植物种在后面，并且越往后越显著缩小植株尺寸。或者也可以将树篱修剪成逐渐变矮的造型，让整体空间看起来更为深邃。同时，也可以将两排树篱中间的小径变窄，加强这种曲径通幽的深景效果。

树叶尺寸及纹理 可以帮助打造视觉错觉，让小空间看起来更大，狭长空间更为宽阔。如果在花园前端种植一些大叶植物，然后随距离加深逐渐减小植物叶片尺寸，就可以让整体空间看起来更深邃。反之，如果树叶尺寸由小变大，就会让较深花园看起来更浅。

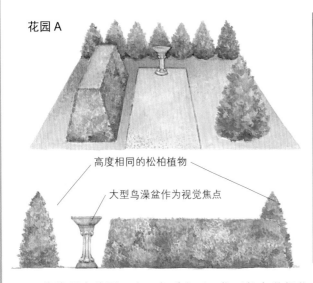

花园 A

高度相同的松柏植物

大型鸟澡盆作为视觉焦点

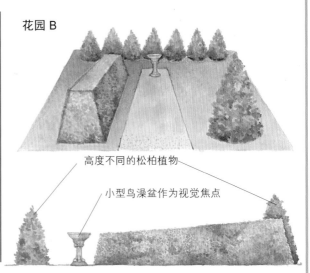

花园 B

高度不同的松柏植物

小型鸟澡盆作为视觉焦点

猜猜哪座花园更大？ 乍看之下，你可能会觉得花园 B 比花园 A 更大。但是从图解下方的一组花园侧视图中可以看出，这两座花园其实大小相同。设计师在花园 B 中使用了一些视觉技巧，才让其看起来更大。例如，花园中间的步道越靠近松柏植物越窄，同时树篱的宽度也有所缩减。此外，花园 B 的树篱也修剪为越靠近后部越低矮的外形。花园前端的松柏植物比后面的要高大，鸟澡盆又比花园 A 的小。以上设计细节结合在一起，就打造出了花园 B 较大的视觉错觉。

设计园林时要时刻牢记尺度和构造这两大因素。图中参天大树在辽阔草坪的衬托下，没有一丝突兀压迫之感。

植物类型

一旦确认植物成树尺寸合宜，就可以继续探索其他可以融入设计中的元素了。一座园林中需要同时包含常绿植物和落叶植物，才能一年四季都保持迷人的风采。有些树木的轮廓较为突出，能够与周围景观形成强烈对比；而有些植物则具有较为柔和的轮廓，可以融入并强化原有的景致。因此，在栽种之前要先研究不同植物的轮廓线条。同时也要考虑能否将植物的尺寸、树形、树叶的生长凋落、分枝状况，以及树皮纹理一系列元素运用到设计中。最后便是探索叶片、花朵、果实和树皮中的缤纷色彩。最优质的园林植物必须要在一年中不同季节都有观赏价值，这一点对于小型花园来说尤为重要。

常绿植物

常绿植物是园林设计中的重头戏，是园林背景和全年绿屏的永恒主色调，也是最适合作为树篱的植物。常绿植物有许多不同的形态和质感，并以其四季鲜活的颜色为花园奠定基调。

常绿乔灌木主要分为两大类：松柏植物和阔叶植物。松柏常绿植物结球果，大多长有针叶（如松树）或鳞叶（如刺柏）。松柏常绿植物有着十分多样的颜色和质感。有些松柏常绿植物生有银灰色叶，吸睛的同时又能够中和盛开鲜花的艳丽；而蓝绿色叶松柏则能够让周围的绿植看起来更为柔和，将粉红蔷薇衬托得更为娇艳，同时也会使邻近的紫色和蓝色花草更为明艳动人。冬季时，许多刺柏变种都会染上一层梅红色或紫色。而有些日本扁柏栽培种全身金黄，其艳丽动人完全不亚于观花灌木，并且可以一整年都维持靓丽的颜色。若花园面积较小，仅需一株色彩鲜艳的常绿植物，就足以装点整个空间，带来满园迷人的景致。

常绿乔木和灌木 如图中垂枝北美乔松，可以为园林带来四季长青的色彩亮点。

阔叶常绿植物的叶片与松柏植物迥然不同，有的长有叶缘平滑小叶，如日本黄杨；有的多刺且带有白边，如欧洲枸骨的花叶栽培种；而有的则硕大、颜色深邃，且为革质，如杜鹃。杜鹃和山茶等阔叶常绿植物以其美丽的花朵为人称道，而冬青和枸子等则能结出色彩斑斓的浆果。半常绿植物，如六道木属植物和某些木兰属植物，在生长范围内温暖地区的冬季不落叶，但在较冷地区则会落叶。小檗属、杜鹃属、冬青属等某些阔叶植物既包含常绿种，也包含落叶种，与半常绿植物是两种不同的概念。

"常绿"一词经常让人误解。常绿植物虽然终年常绿，但这并不代表单独叶片不会变色或凋落。常绿植物衰老叶同样会凋落，但通常不会全树同时落叶，且凋落现象较不显眼。松树或铁杉衰老内侧叶会泛黄，这是其再生焕新周期的正常现象。此外，落叶松属植物与一些其他的松柏植物属于落叶植物；落叶松属植物的针叶会在秋季变成闪亮的金黄色，之后便会随着冬季的到来而纷纷凋落。

常绿植物可为阔叶植物，如右侧杜鹃；也可为松柏植物，如左侧云杉。

习性

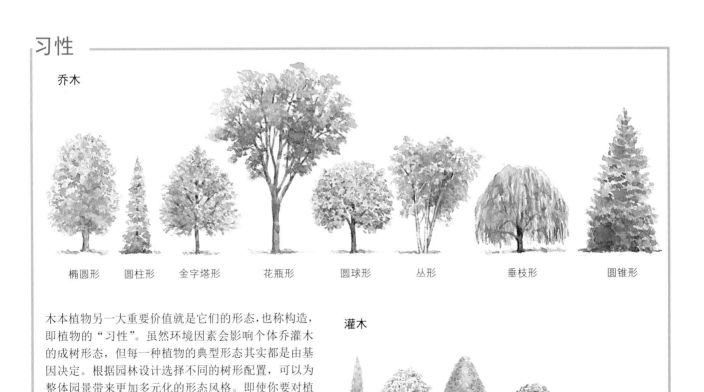

乔木

椭圆形　圆柱形　金字塔形　花瓶形　圆球形　丛形　垂枝形　圆锥形

木本植物另一大重要价值就是它们的形态，也称构造，即植物的"习性"。虽然环境因素会影响个体乔灌木的成树形态，但每一种植物的典型形态其实都是由基因决定。根据园林设计选择不同的树形配置，可以为整体园景带来更加多元化的形态风格。即使你要对植物进行修剪塑形，也应该根据其生长习性选择修剪起来较为轻松的种类。

灌木

圆柱形　垂拱形　金字塔形　圆球形　蔓生形或匍匐形

落叶植物

　　落叶乔灌木在每个生长季末期叶会全部脱落。冬季时分，光枝裸树的枝杈构造和交互穿插的细枝轮廓散发着由内而外的本真之美，其迷人程度完全不亚于春日的绿叶与秋日的斑斓，能为园林增添无限魅力。树皮的观赏价值通常四季如新。无论是古老栎树粗糙龟裂的树干、河桦那层层剥落的树皮，还是红枝和金枝山茱萸那色彩斑斓的丛生茎干，都是非常重要的冬日观赏亮点。红瑞木和金枝梾木更是白雪皑皑的园林中最为耀眼的美景之一。

　　在生长季期间，落叶乔灌木可以为园林景观带来美丽的花、叶和果实。许多落叶乔灌木都以叶片的秀丽而出众。枫树等落叶乔木会在夏季为人们提供沁爽阴凉；而其他树木，如优雅摇曳的垂柳，则以其婀娜多姿的形态被人钟爱。这些观叶乔灌木能为花园带来更丰富的色彩，以及更多元的层次质感，有些树木

更是能为花园奠定一年四季的主色调，这其中具有代表性的树木包括：紫叶欧洲水青冈、粉花绣线菊、深紫黄栌，以及亮红、青铜色或紫色的鸡爪槭。随着秋季的来临，落叶乔木和灌木也到了一年之中最能尽情展示魅力的季节，迷人景致往往令人

花叶灯台树

屏息。枫树、多花蓝果树、荚蒾、金缕梅以及许多其他乔灌木在秋日都会展现明丽的叶色，用如火般的色彩和热情渲染整座园林。

　　落叶乔灌木还包含成百上千种观花树木，从春天一直到秋季，它们都绽放绚烂多彩的花朵装点整座花园，在气候较为温暖的地区甚至能够全年开花。观花乔灌木品种丰富、颜色各异，形态也多种多样。这些乔灌木有着不同的花期，能够在一年四季错峰开放。

　　比较有挑战性的一点是，要在众多钟意的乔木、灌木和树篱中挑选出最适合自己园林环境以及设计规划的品种。例如，有些乔灌木的花朵可以做成硕大花束；你要精心搭配一些树木以确保一年四季花园都有明丽亮眼的色彩：春有观花果树、夏有绣球，秋冬之时可以种上一些花开如缎带一般的金缕梅。有些乔灌木不但可以绽放出迷人的花朵，还生着与众不同的叶片，如斑叶品种山茱萸，以及叶片呈幽紫色的樱花树。此外还有一些落叶乔灌木，如荚蒾、山梅花，以及木槿属植物，在开花的同时还能散发出沁人心脾的馥郁芬芳。

　　随着花期结束，许多观花乔木和灌木都会结出色彩丰富的累累硕果。事实上，有些品种正是因为拥有美丽的果实，才脱颖而出被选为园林景观的一员。例如，轮

春

夏

秋

冬

落叶乔木　外形随季节而变。左图展示的就是同一棵树在春夏秋冬四季之中不同的形态。

生冬青的叶片和花朵都十分不起眼，但是却能结出靓丽橙红色的浆果，也因此弥补了花叶方面的平淡。而有些植物，如山茱萸和荚蒾，本就有很多特色值得挖掘欣赏，再加上色彩缤纷的果实，更可谓是锦上添花。

大多数观赏植物都是雌蕊和雄蕊长在同一朵花中，或者为单性雌花和雄花生长在同一植株上的雌雄同株植物。但依然有一些园艺界十分重要的观赏植物是例外情况。例如，许多冬青属树种都为雌雄异株，即雌花和雄花分别生长在不同的株体上。这样一来，为了确保雌性冬青能够结

果，就必须将其种植在一株可以为其授粉的雄性冬青旁边。一株雄性冬青可以为多株雌性冬青授粉；可以向苗木供货商咨询最佳配置方案。而对于雌雄异株的银杏树来说，则可以只选择雄株进行种植，这样既能欣赏其夺目迷人的形态，又能观赏其金黄的秋叶，且不用担心雌株结果产生难闻的气味。

在规划园林秋色时，可以考虑将一些雌雄异株树单独种植，如左图中的银杏，以及右图中以深色松柏植物为背景墙的鸡爪槭。

冬青属植物　为雌雄异株树。如果想要让雌株冬青结果（左图），那么需要在其周围种植至少一棵与其相匹配的雄性栽培种提供花粉。冬青雌花长有硕大的绿色雌蕊，而雄性冬青（右图）雌蕊很小，雄蕊为黄色，上面有花粉。

挑选合适的植物

　　"因地制宜、适地适树"是让园林中的乔木、灌木和树篱健康美丽的关键。所谓"适树"，就是要选择能在园林绿地环境条件中苗壮生长、且无须人工抵抗病虫害的树木种类。这其中包括许多由有远见卓识的科研人员与商业育种者根据流行的观赏树木而选育的新型杂交品种。挑选时可以关注改良版的山茱萸、抗虫害的海棠树、抗霉病的紫薇，甚至是抗病性好的榆树。还有一些外观粗犷但十分美观的原生乡土树种，也是非常适合种植的园林树种。目前自然野态的园林景观越来越受人欢迎，乡土树种的耐寒性和实用性也为人所关注，因此抓住商机的苗圃也开始将其引入市场。自然界的生物多样性有利于物种的生存。单种栽培，即将同种植物的许多个体种植在一起的形式，会增高病虫害的发生风险。选择与邻里常见树木不同种的植物进行栽种，可以起

成树 6 ~ 12m 的珙桐可能适合你的园林。其长有似花苞片（上图），每两年便会盛花开放。

鹅掌楸硕大的花叶（右图）堪称一绝，但其长势迅猛且高大，因此很快就需用望远镜才能观赏到蜜蜂绕花的美景了。矮种鹅掌楸可以让人更容易接触到花朵。

幼年梣树 在小空间内外形美观，但是成年梣树，如上图中的美国红梣，高度可达 15m 以上。因此，提前预测树木成树尺寸可以避免之后的尴尬。

到预防虫害的效果。往往那些人人喜爱、过度栽培的植物，如蔷薇，最易受到病虫的侵扰，因此在选种时应挑选以抵抗当地病虫害为卖点的品种，并且要甄选可靠的当地苗圃。除了某些特定的松柏植物以外，大多数乔灌木通过扦插或嫁接到粗壮砧木的方式进行栽培后，会比种子生长方式更易获得理想的形态特色。将合意树种的枝茎或嫩芽嫁接到另一株强壮抗病的植物根上，十有八九都可以获得一株优质的植株。但也有一些植物是例外。对于云杉、松树、冷杉和落叶松来说，购买苗种进行栽培反而可以得到更好的结果，这是因为扦插不能保证其苗木能够长得笔直挺拔。如果想要种植上述松柏植物的某些特殊栽培种品种，如矮种、垂枝品种或颜色特殊的品种，应直接购买扦插苗木。

你的植物适合怎样的光照？

在规划园景时，需要考虑到全年的光照条件及强度。大多数植物都具有某一程度范围的光照耐受，但会在某一特定光照条件下才能够更好地茁壮生长。大型乔木通常在全日照条件下长势最好。许多观花乔木和灌木也需要全日照才能够开花最盛，而有些更是需要全日照才能够开花。紫荆、山茱萸等小型乔木由于终年生长在大型乔木的荫蔽下，已经进化到可以在半阴或斑驳阴影下也能良好地生长，有些甚至可以在全阴环境下生机勃勃。喜阴植物也许能够在春秋时节弱日光环境下苗壮生长，但却很难抵抗夏日的炎炎骄阳，温暖地区更是如此。为了给某种乔木或灌木营造最适合生长的光照条件，可以参考本书后面的植物档案，以及当地供货商和花卉商店。以下内容可以帮助你决定园地中应有怎样的光照条件。

◇ **全日照**——日均 6 小时以上无遮挡的阳光直射。
◇ **半晴或半阴**——日均 4 ～ 6 小时阳光直射。
◇ **浅阴或斑驳日照**——高大乔木或疏叶乔木下的斑驳阳光。

◇ **全阴**——无直射日光；此种情况通常发生在树体北侧以及枝叶茂密的树木下方区域。
◇ **浓阴**——阴影浓密到没有影子的程度，通常发生在高楼之间的区域或低矮紧密的枝条下方。

太阳路径

太阳路径对日照和阴影的影响示意图　第一排三张图片展示南向住宅一天当中受日照影响情况。第二排三张图片是相同住宅若为东向情况的日照影响情况。在为不同地点挑选木本植物之前，可以先为自己的宅院画一张前景朝南、背景朝北的透视图。透视图中应包括主房屋以及其他会遮挡建筑结构的阴影。
注：太阳东升西落，太阳光线与地平面形成的线面角在夏至时（图示）比冬至时高两倍左右。房屋北侧植被一天中的大多数时间都在阴影之下。种于房屋东侧的植物则会在晨间和午后接收日照。若种于房屋西侧，植物会在午后受到日照，晨间则处于阴影中。生长在房屋南侧的植被终日会受到日照，除非有其他建筑物或植物遮挡。这些都是在园林设计规划阶段要牢记的要点。例如，如果房屋位于南部的温暖地区，本就处在耐热临界的植物很可能无法耐受全天的日照。

种植和移栽

大多数木本乔灌木的种植及养护方法都是大同小异的，乔灌木的售卖方式主要有以下三种：幼龄木本植物通常种于塑料盆中，以容器苗木的形式进行售卖。针对土生成龄植株，则用粗麻布将其根团包裹住，以土球包根的形式进行售卖。邮购运输的植株则通常为根部没有泥土附着的裸根幼苗。

在购买之前，须先检查其嫩枝和根系，并选购外观健康、养护得当的植株，避免购买根、茎、叶、枝等部位出现破损、褪色、病害等问题的植株。避免购买出现"根满盆"问题的容器苗木。"根满盆"是指容器苗的根系紧密缠绕、挤满整个花盆的现象。选购树木规格小于育苗容器的植株可以有效避免"根满盆"，苗木成活率也更高。土球包根的植株外形较为笨重、不便运输，也不易置入栽植穴，但硕大完好的根团对植株后期生长有利。

邮购裸根苗木若出现根部干枯、多碎根或严重缠绕、枝条干枯易脆裂等问题，应及时退货。收到苗木时若已错过最佳栽种时间，也应选择退货。裸根苗大多于春季休眠期时进行邮寄。通常情况下，只要严格按照栽种说明进行操作，就可使其健康生长。收到邮购裸根苗木后，先准备一桶水，将其根部浸水 12 ～ 24 小时，再进行种植。若浸水后 24 小时内未能及时种植，应将其暂时埋植于土沟中，即"假植"（见下图）。

购回容器苗木和土球包根苗木后应尽快种植。若无法立即种植，应确保种植前充分浇灌。

针对后文描述为"难移栽"的裸根苗木，如木兰、鹅耳枥、美国白栎和红槲栎，应在其生长旺盛期到来之前，即晚冬或早春进行种植。养护良好的容器苗木或土球包根苗木也可于夏季种植。秋季则是种植常绿植物和许多落叶植物的好时节，但需要预留至少一个月的时间让植株可以稳固扎根，以防气温降低抑制根部生长（土壤降温速率比空气慢，因此植株在落叶后依然可以继续生根）。在种植时期需要对植株进行浇灌，并且在秋季土壤出现干涸迹象时，就要再次浇灌。

种植

若想延长直立土球苗种植前的存放时间，可以借鉴一些花卉商店所使用的小技巧。将每株苗木置于一层木屑护根物上，然后再用更多木屑将苗木根团全部覆盖，并充分浇灌。如此处理的土球苗可以存放数周甚至数月。但即使如此，及时栽种依旧是最优选择。对于裸根乔木或灌木而言，若无法立即种植，应保持苗木根部湿润。购入裸根苗之后应立即将其根部浸入水中。若在 24 小时之内无法种植，应将苗木假植于土沟中，沟壁应有一边为斜坡，以便苗木侧倚摆放。用松土覆盖苗木根部，并保持覆土湿润。假植苗木应尽快栽种。

警告：未及时妥善栽种的假植苗会开始长出直立枝，导致种植时期树体倾向一边。

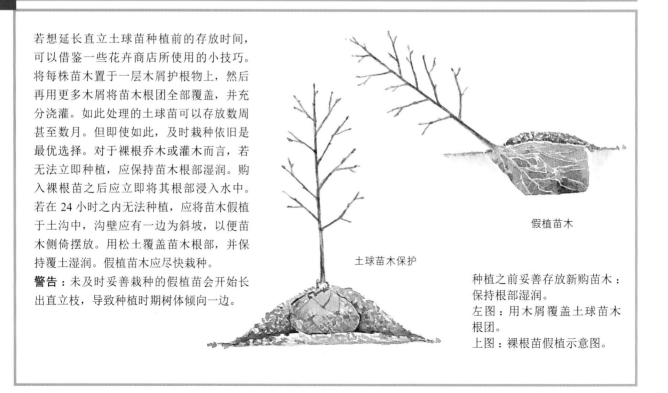

假植苗木

土球苗木保护

种植之前妥善存放新购苗木：保持根部湿润。
左图：用木屑覆盖土球苗木根团。
上图：裸根苗假植示意图。

购于家居中心和园艺中心的乔木与灌木通常为容器苗或土球苗。邮购渠道购买的通常为不含培土的裸根苗。

苗木根部状况鉴定

购买木本植物之前，应先检查其根系状况。裸根苗木的根部在购入时应为湿润状态，并应在购入后立即浸入水中。容器苗木和土球苗木在购入时应能看出定期浇灌的状态。理想情况下，苗木在种植时应保持根团完整、包根土无松动脱落、没有形成加快水分蒸发的气穴。下图中可以看到一些根系状态优劣之对比。

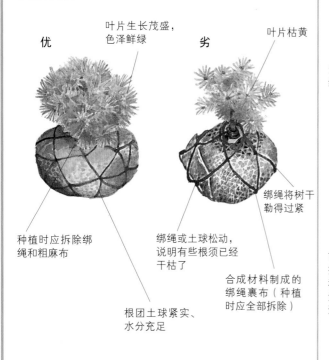

裸根苗

优

劣

紧缠成团的根部

大多数的基根上都长出很多吸收根

劣

根系均匀延伸

偏向一边生长的根部

容器苗

优

劣

对称、扎根稳固的根系

长势过猛、互相缠绕、填满容器、甚至有根须从容器底部窜长出来的根系

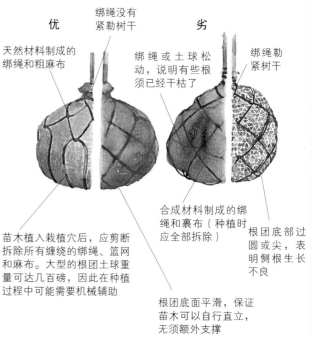

小型土球苗

叶片生长茂盛，色泽鲜绿

优

劣

叶片枯黄

绑绳将树干勒得过紧

种植时应拆除绑绳和粗麻布

绑绳或土球松动，说明有些根须已经干枯了

合成材料制成的绑绳裹布（种植时应全部拆除）

根团土球紧实、水分充足

大型土球苗

绑绳没有紧勒树干

优

劣

绑绳或土球松动，说明有些根须已经干枯了

绑绳勒紧树干

天然材料制成的绑绳和粗麻布

合成材料制成的绑绳和裹布（种植时应全部拆除）

根团底部过圆或尖，表明侧根生长不良

苗木植入栽植穴后，应剪断拆除所有缠绕的绑绳、篮网和麻布。大型的根团土球重量可达几百磅，因此在种植过程中可能需要机械辅助

根团底面平滑，保证苗木可以自行直立，无须额外支撑

容器苗及土球苗木选购

小型乔木和灌木　如上图，通常以容器苗（如图中的杜鹃花）或土球苗形式售卖。将苗运回家的过程中，应将其置于车内，或用塑料膜包裹，防止风干。

根须从容器底部窜长出来　如上图，可能表明苗木根部生长过猛、缠绕紧密。这样的根部可能会在后期勒死植株。

乔木和灌木幼苗　比如上图左侧的矮赤松，可能会以容器苗形式售卖。但大多数情况下，都会等其再长 1～2 年才以土球苗形式售卖（上图右）。土球苗可能从种子时期就生长在土壤中，而非容器中。乔木幼苗可能仅需几年时间就会长到跟树龄稍大的同种乔木相同的尺寸。

布置种植地

　　布置种植地的第一步是要确保良好的土壤排水力。几乎任何树木都无法在饱和土中存活。为检查种植地土壤的排水力，可先挖一个 61cm 深的栽植穴并将其灌满水。若穴中的水可在 24 小时之内排净，则说明土壤排水能力良好。若 24 小时后穴内仍残存大量的水，则最好在此种植一些对土壤排水要求不高的树种，或者另选种植地。若整个场地只有部分区域排水力弱，可以尝试下图的解决方法，或将每棵植株单独种在稍抬高的土丘上。

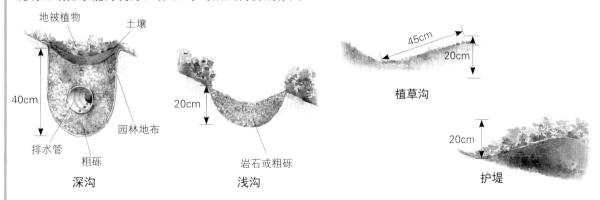

深沟　　浅沟　　植草沟　　护堤

解决排水问题：根据输水能力有所不同，可以将解决方法分为以上四种：深沟底铺一层园林地布，上铺一层粗砾作为土壤原始层，然后安装塑料排水管，再用粗砾填满沟内空隙。岩石填充的浅沟同样也有良好的输水能力。植草沟则是在挖出土沟之后在其表面种草而得。若地表径流量不大，则可打造表面种有地被植物的护堤来导流过剩水分。

土壤测定

一直以来，各种指南都惯于推荐在种植乔木或者灌木时在栽植穴中加入腐殖质来增强土壤保水性，或加入砂土促进土壤排水。然而最新研究表明，大型木本植物在有机改良土中很难将根部延伸到栽植穴以外的自然土中，从而局限在栽植穴中，如同一盆容器苗。而在土壤中掺砂反而会降低黏土的排水性和透气性。与其试图改变土壤构成来配合植物生长所需，不如因地制宜选择适合土壤的植物。

话虽如此，对于一些对土壤酸碱度或营养元素有特殊需求的植物，需要适当地对栽植穴或种植床的土壤进行改良。例如，杜鹃、山月桂，以及其他杜鹃花科植物需要植于排水良好、富含腐殖质的酸性湿土中。在这种情况下，可以搭建富含腐殖质且提供充足生根空间的高架苗床，将这些植物种在一起。如果种植床宽度可以容纳植物成熟根系伸展，也可考虑改良土壤以打造树篱。

容器培育的灌木或小型乔木苗需要种植在改良土内才能良好生长。

在描述土壤时，通常使用"酸"和"碱"（或"甜"）来描述不同土壤的 pH 值，即土壤酸碱度。土壤 pH 值可以影响植物营养元素的吸收有效性。大多数乔木和灌木宜生长在 pH 值 5.5 ～ 6.8 的中性或弱酸性土壤中。大叶杜鹃及同科其他植物、某些冬青，以及栎树则适合生长在 pH 值 4.5 ～ 5.5 的偏酸性土壤中。丁香花在近中性的土壤环境中长势最好；而连翘、猬实、木槿和欧洲水青冈等植物则可耐受中酸至 pH 值高达 8 的碱性环境。

同属不同种的植物可能对土壤酸碱度的偏好也不同。例如，北美水青冈就与其近亲欧洲水青冈不同，适合生长在 pH 值 5 ～ 6.5 的酸性土壤中。大叶绣球喜酸性土壤，而同属的树状绣球和圆锥绣球则对土壤酸碱度适应性更强，在偏酸或偏碱的土壤中都可以良好生长。

一般来说，气候湿润地区的土壤多呈酸性或中性，如北美洲东部和太平洋西北部。

气候干旱的地区土壤多呈碱性。花岗岩覆盖的土壤多呈酸性，而石灰岩覆盖的土壤则多呈碱性。即

亲自进行土壤测定

采集测定样本： 从想要种植树木的区域挖出一定深度的土壤。首先，如图所示将草皮掀开几厘米，然后用干净的挖土铲或铁锹盛满土壤作为样本。将样本收集至容器中并混合均匀，放置至自然风干。

通常情况下，土壤测定包中都含有比色卡、样本试管，和一小瓶石灰水。首先将土样与石灰水混合并摇匀，静置片刻至混合物沉淀，然后将其颜色与比色卡进行对照。上图中，通过将试管内橙红色溶液与比色卡对照，可确定测定土壤呈弱酸性，pH 值稍低于 6。在这一环境中，大多数木本植物可从土壤中吸收利用必要的营养元素。

图中的黄色连翘可以耐受偏酸到偏碱的土壤环境。测定种植地点土壤酸碱度是非常明智的做法。牢记：同属不同种的植物可能对土壤酸碱度的偏好也不同。

使在同一地区内，土壤酸碱度也可能差异很大，因此在种植之前应先对土壤酸碱度进行测定。在对土壤进行改良之后还应再次进行测量，以评估效果。测定土壤 pH 值和营养成分的简易工具包可以在花卉商店或网店进行购买。实验室测定结果可能更准确。

微调土壤 pH 值比大幅度调整更易操作和维持。若想提高酸性土壤的 pH 值，可掺入适量的石灰石粉或富含镁的白云石灰石粉，具体用量参照包装说明。可以用栽植穴中的土壤与石灰粉进行混合。每半年或一年在土表施用一次石灰粉，可让其渗透到植物扎根土层，达到逐渐升高土壤 pH 值的目的。调整土壤 pH 值的过程要循序渐进，并且对土壤进行定期测定，以评估调整效果。若想降低土壤碱性，则可用酸性棉籽饼粉、堆肥木屑、树皮、树叶或松针作为护根物覆盖在土壤表面。此种方式可能见效较慢，但效果却很持久。若想微调大型灌木种植土的酸碱度，摊铺护根覆盖物是不错的方式，但若想显著降低土壤碱性，必须让护根物覆盖到植物根系。碱性土壤会影响许多乔木和灌木的正常生长，但若想将本地土壤长期维持在比其正常 pH 值低很多的酸碱度，则十分困难。因此，最好选择酸碱耐受力较强的植物原种或栽培种，或挑选原生于碱性土地中的树种。这里要再强调一次，无论土壤偏酸性还是碱性，只要做到"因地制宜，适地适树"，就更容易获得茁壮生长的植株。

pH值对植物的影响

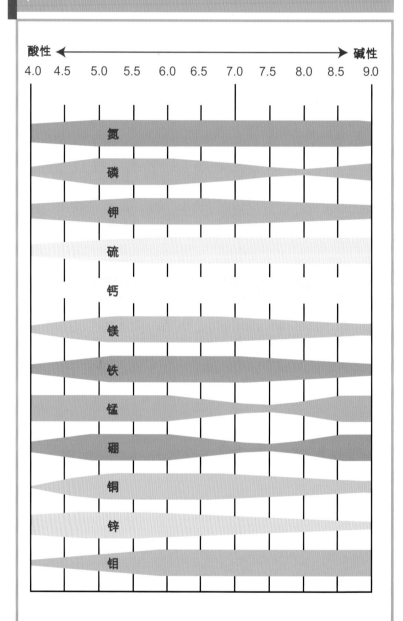

从该图表中可以看出种植新树或想要通过化学方法改良土壤问题之前先对土壤进行测定的重要性。大多数园艺或观赏植物的理想土壤环境应为 pH 值 5.5 ～ 7.0 的弱酸或中性土。低 pH 值（≤ 4.5）表明土壤呈强酸性。反之，高 pH 值（≥ 10）则表明土壤呈强碱性。土壤的相对酸度可以显著影响植物对营养元素的吸收利用率。

图中彩色条带的宽度表示不同 pH 值下植物对各种营养元素的吸收利用率：彩条越窄，说明可用营养元素越少。表中所列的前六位营养元素为植物生长中大量需要的营养元素。

杜鹃花适合生长在排水良好、富含腐殖土的湿土中，土壤酸性在 pH 值 4.5～5.5 之间。可以通过改良栽植穴或种植床土壤来满足其生长所需的营养条件和酸碱要求。

若想达到最理想的种植效果，应做到"因地制宜，适地适树"。丁香花在 pH 值为 7 的近中性土壤中可以盛放。

种植乔木与灌木

栽植穴的穴径应为苗木根幅的 2 ～ 3 倍，深度应足够让根茎（即根部与树干交接处）可以露出地面几厘米（详情参见下文"苗木入穴"）。栽植穴底部土壤须压实，防止土壤沉降。若植物根部沉降，且根茎周围土壤水分饱和，则会诱发冠腐病。许多植物（尤其常绿植物）都极易患此病。用挖掘叉将栽植穴内壁划叉得较为粗糙不平，使苗木根系更易穿透内壁进行延展。有些专家建议在挖出的土中掺入一些均衡肥料和过磷酸钙，以促进苗木根系旺盛生长。

容器苗木的移栽： 将容器一边倾斜并轻轻磕动，使苗木根部土壤松动。小心将苗木从容器中移出，或用剪刀将容器拆掉。如果苗木根系有"根满盆"问题，需小心将紧绕的根系解开，尽量将其延展，并剪去缠绕在根茎的根须。在根团四边自上而下各划一个 2.5cm 深的切口，以促进新根生长。轻轻松动根团外表的土壤。

挖土工具

移苗铲可以轻松深入土壤，能够有效割断根部并深入根团底部进行操作。园艺铲功能丰富，既可作移苗铲使用，又可以将土壤磨边整平。挖掘叉可以用来松土或翻整堆肥。圆头锹主要用于运砂土、砾石或碎岩石，但同时也是非常实用的挖土工具。撬棍可以用于给较为坚硬的土壤松土，以及撬动体积较大的石头和老旧树墩。

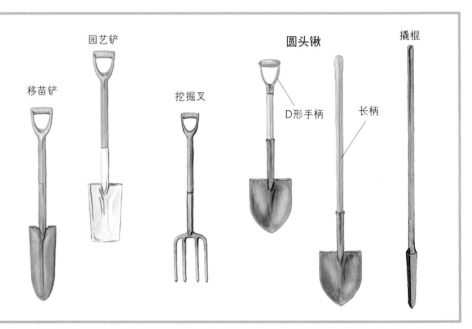

移苗铲　园艺铲　挖掘叉　**圆头锹**　撬棍
D形手柄　长柄

苗木入穴

种植乔木或灌木时，应保证其根茎露出土面 2.5 ～ 5cm。因此，在种植裸根乔灌木时，栽植穴深度应略浅于苗木根长。对于容器苗木或土球苗木，应先将其容器或根团底部置于坚实、未被搅动的原土上，以防后期根部沉降。栽植穴应为苗木根幅的 2 ～ 3 倍宽。可以建造护堤来为树根锁水，并在土壤表面覆盖 7.6 ～ 15cm 厚的护根覆盖物来抑制杂草生长并维持土壤水分。

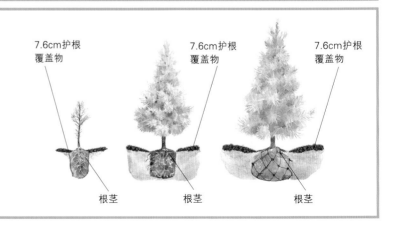

7.6cm护根覆盖物　7.6cm护根覆盖物　7.6cm护根覆盖物
根茎　根茎　根茎

精心塑形并养护的树篱围成花园小路，营造曲径通幽的精致美感。

容器苗木移栽

难易度：容易

　　下面展示的是容器苗木移栽步骤，其中包括"根满盆"苗木的挽救办法。无论你是何时发现购买的苗木存在"根满盆"问题，移栽操作都是相同的。如果所购苗木有如第1～2步所示"根满盆"现象（根系互相缠绕），那么其根系将无法很好地向四周土壤延伸，若不及时剪根并重新引导其生长方向，最终将会勒死苗木。

1 在容器内土壤湿润时，将容器皿一边放倒（左图），缓缓将苗木滑出容器。可以视情况轻拍或挤压容器外壁，以便顺利取出苗木。图中苗木"根满盆"问题严重，需要即刻进行"手术"。

2 将刀垂直伸进盆土，切四刀或更多，然后再用手将苗木根系向外捋出。如果苗木根部如上图所示，已经在盆土外侧长出了粗壮且缠绕紧密的根，则需要再多切几刀，并且要切得更深。

3 再次检查栽植穴深度，可以将铁锹横搭于栽植穴口来帮助测定。将苗木的根捋顺并贴紧原状土铺开，且保证根茎露出地平面约5cm高度。如果必要的话，在根下多垫些土。

4 回填半数已挖出的土壤至穴底，轻轻拍实土面，使苗木可以稳定直立，但同时注意不能将土壤压得过实，以免土壤中不再保留气孔。

5 充分浇灌：向半填满的栽植穴中倒水，形成一个小水洼。静置等待水分全部吸收后，将另一半土回填至穴中。注意使用防水布为土壤保水。

6 在树干周围挖一个类似壕沟一样的浅坑，继续向内加水并静置。保持树干根茎一直高于土面。

　　这棵红槲栎幼苗能够长成一棵高达 18 ~ 21m 的参天大树，成长过程约为 20 年。红槲栎是最受欢迎的园林景观树种之一。该树易移栽且十分抗寒。

将带有完好麻布的土球苗木置于栽植穴，可以尽量减少其损伤。如果苗木很重，可以在其底部垫一块塑料布，将其拉入栽植穴，再将塑料布撤掉。苗木入穴后，拆除所有的包扎绳线，并尽量将麻布移除。若包裹布为人工合成面料，或经过化学处理，则须全部移除。轻轻给根团表面松土。

种植裸根苗木，需将其置于栽植穴中的圆锥形土堆上，土堆应为未搅动过、未压实过的原状土，并将根须捋顺贴土堆面摊开。适当调整土堆高度，让苗木在栽植穴中的根深与苗圃销售时相同，并同时保证苗木根茎露出地面5cm左右，为根部留出空间，以防沉降。剪除所有坏根和废根。

将苗木置于栽植穴后，回填挖出的土壤。由于苗木为裸根苗，回填土时须用一只手将土填到根系之间，另一只手固定苗木，使其能够维持合适的种植深度。当栽植穴半满时，予以充分浇灌。栽植穴水分被充分吸收排净后，向栽植穴内填满土并夯实，并且将苗木周围的土拨向旁边，形成斜面。沿栽植穴外径堆起一圈矮矮的土边，形成一个蓄水洼地，然后向其中缓慢并充分地浇灌。在这一围起的区域内离苗木茎干15cm远的距离摊铺一层7.6cm厚的有机护根覆盖物。

专业人员现已不再推荐用木桩支固新栽苗木，除非其本身头重脚轻，无法保持自身稳定。无木桩支撑的苗木可以随微风轻摆，这样可以长出更强壮的树干和根系。

浇灌

由于新栽苗木最不抗旱，因此缺水往往是新苗难以成活的最大原因。在苗木第一个生长季期间充分浇灌可以促进其生长出健康且庞大的根系。在栽培过程中要时刻监测土壤湿度。通常情况下，当土壤最上层2.5cm出现干涸迹象时，则表明需要进行浇灌。砂质土通常比黏质土或腐殖土易干。浇灌过程应小水慢灌，确保水分可渗透到土壤深层，滋润苗木根系。若天气炎热，可对叶面喷水以缓解高温压力。乔木和灌木主要通过树叶的蒸腾作用损失水分，而浇灌可防止水分过度散失。给叶片喷水还可起到降温作用。叶片喷水的最佳时机为清晨或下午稍晚。若选择正午浇灌，则会导致大量水分蒸发损失。过去普遍认为夜间浇灌会导致植物叶片更易受真菌感染，但如今夜间浇水已被视为正常操作，其作用如同晨露，并不会对植物造成伤害。

对于已扎根的乔灌木来说，浇灌频率及方式要根据当地气候、土壤条件以及植株抗旱性来决定。如果你很明智地选购了适合当地气候和土壤条件的植株品种，那么除非发生严重干旱的极端情况，否则自然降雨即可满足植株水分需求。在旱季，应留心观察干旱对植株造成新枝垂耷、叶片萎缩卷曲、叶片失去光泽等影响。在炎炎夏日，很多植物都会出现枝叶垂耷的现象，但如果隔夜未能自行恢复活力，就说明应对植株进行浇灌。滴灌水管、渗透软管等浇灌系统因具备出水慢、渗水力强等优点，比高架喷灌系统更适合浇灌乔木和灌木。仅对草坪浅表面频繁浇灌会阻碍乔木和灌木的健康生长。因此需要再度强调，给乔木灌木浇水要深灌，以确保苗木根系能够吸收到充足的水分。

检查土壤湿度：将干燥木棍插入土中，1小时之后拔出。若其底端观感触感湿润，则说明土壤水分充足。

除非严重干旱，否则自然降雨即可满足已扎根乔灌木的需水量，如果选择了适合当地气候和土壤环境的植物则更是如此。

如何起苗并移栽

早春时分，大多数已种植苗木还未进入生长季，此时是起苗的黄金时期。如果在春季移栽前还有时间，可以先用长刃铲绕苗木一圈进行切根（如上图），以促进圆圈范围内长出新根，提升春季移栽时苗木的抗逆性。

1 为灌木起苗时，需将其茎干捆绑在一起，以便于有充足的操作空间。铲除草皮，并将操作区域的杂物清除干净。

2 修整根团顶部和侧面形状至方便包裹及运输尺寸。图中的形状就很适合包裹粗麻布。

6 记得先将粗麻布翻面，确保卷起的一面朝下，倾斜土球至一边，留出空间塞进卷起的粗麻布，将其压在土球底部中间。

7 接下来，将土球朝相反一边倾斜并将粗麻布卷起部分展开。这样轻柔的操作能够尽量避免将土球弄散。

8 将粗麻布对角系牢，检查土球底部是否严格包紧，不要给土壤留出可以松动的空间。

3 用修枝剪清除苗木根部钻出土球的部分，以免在包裹时造成影响。

4 沿土球一圈抄底切割，直到将所有连地根都切断为止。可以用铲子摇晃或轻推土球，以检查是否已经可以起苗。

5 选取一块宽度足够从四周包裹根团的正方形粗麻布，将其一边卷起至中线位置（如上图）。

9 将粗麻布的另外两个对角系牢，包裹工作就完成了。如果移栽植物比图示小，包裹到这一步骤就已经足够结实。

10 针对图中尺寸或更大型的苗木，需要在粗麻布外层再系上麻绳，各支撑 1/4 土球。包扎成品以紧实为佳。

11 将麻绳绕过土球顶端绑固时，应加大捆绑力度，以防土壤在搬运时松动。绑绳不应紧勒苗木茎干。

种植裸根苗木

难易度：容易

种植时应将修剪范围限定于除蘖、除坏根、除病枝、除内生枝或除交错枝。不要剪掉健康的顶芽。顶芽可以产生激素促进根部及叶片生长。另外，由于树干底部的枝条可以促进主干生长得更为粗壮，因此可待树木扎根之后再剪掉底部多余的枝条。

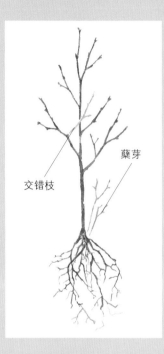

交错枝　　蘖芽

根茎露出地面5cm

1 在种植之前一直将苗木裸根浸水。先将苗木根部置于栽植穴底部由原状土堆成的土丘上，并将根系沿丘面伸展铺开。圆锥土丘结构坚固，可避免种植过程中苗木根茎下沉到地平面以下。在穴口横放一根木棍可帮助检查苗木根茎露出是否足够。

2 先清除坏死根，然后用手捧土埋盖根系空隙及周围，不要留任何气穴。

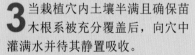

3 当栽植穴内土壤半满且确保苗木根系被充分覆盖后，向穴中灌满水并待其静置吸收。

4 将剩余土壤回填入穴，在土壤表面制造碟形土洼，并在其四周垄出凸缘以便蓄水。将土壤压实，但不要用力过猛，以免将土壤中的空气全部挤出。

5 在苗木周围均匀地铺上一层7.6cm厚的护根覆盖物，并与苗木主干保持15cm的距离。覆盖物可抑制杂草生长并减少土壤水分蒸发。另外，其底部物质的降解过程可以为土壤补充养分。在苗木第一生长季时对其充分浇灌。

秋季时分，一棵幼年枫树树叶飘红。

容器中生长的乔灌木

小型乔灌木可以在户外容器中茁壮成长，但前提是容器和土壤条件能够满足每株苗木的特殊生长需求。对于幼年乔木或栀子花一类的小型灌木来说，直径和高度为 36～41cm 的容器就较为适合。得益于土壤的隔热作用，36～41cm 容器所能盛装的土壤足以为苗木根系防寒。矮种观花海棠一类的大型植株则可以在 46～51cm 的种植盆中健康生长数年。大型植株可以先养在 36～41cm 的种植盆中，但随着苗木的生长，最终还是需要将其移栽到直径 61cm、高度 76cm 左右的大型种植盆中。植株在大型种植盆中可以生长出更发达的根系，从而长得更高大挺拔。使用大型种植盆可以减少苗木浇灌频率，即使在酷暑时节也只需每周浇灌 1～2 次，从而大大减轻了植株养护工作。相比之下，生长在小型容器内的苗木，即使使用优质有机混合土进行栽培，在干热多风季节也仍然需要每天浇水。

容器育苗常用无土培养基来代替土壤，因为培养基重量较轻，便于容器搬挪。但是，肥沃的半无土培养基可能为植物带来更多养分。此类半无土培养基可以自己制作：首先取优质表土、

园艺用珍珠岩

园艺用聚合物

泥炭苔

园艺用珍珠岩和粗粒泥炭苔各一份进行充分混合；然后根据种植盆高度加入适量干牛粪和 5-10-5 缓释肥。通常情况下，每 18cm 高的种植盆需加入约 1 杯干牛粪和 1/3 杯 5-10-5 缓释肥。向培养基中混入园艺用聚合物可以保持土壤湿润。园艺用聚合物通常为啫喱状细小颗粒，能够吸收储存其自重数倍的水分，并在土壤干涸时释放供植物

利用。园艺用聚合物应充分均匀混合于土壤中。在种植之前，将容器培养基浸湿 2～3 次，并等待水分从容器底部流净。种植之后，在土壤表面覆盖 5～7.6cm 厚的护根物，以减少水分损失，同时防止培养土被吹散。频繁浇水可能会导致土壤营养成分流失，因此可以给苗木施用少量的

大型容器可以减少浇灌频率并为根部提供保暖防寒保护。

水溶性肥。容器苗木施肥：如果在种植之前没有向土壤中掺入缓释肥进行改良，则可在种植之后将缓释肥施在土壤表面。将水溶性均衡肥料稀释为溶液（每 3.8L 水放入 1 茶匙 20-20-20 的肥料），每周施用一次；或调配浓度更低的溶液，并于浇水时施用。每年都要在容器土壤上层覆盖 5～7.6cm 厚的改良土或堆肥土。

为容器苗修根：容器苗可能会出现"根满盆"现象，即根部生长过于旺盛，以至于超出容器空间及土壤承受范围。为使植株健康生长，且在不影响植株外观的情况下减缓其生长速度，可以每 2～3 年进行一次根部修剪。修根时间应选在晚冬苗木尚未进入生长季时。

为小型容器苗木修根之前，首先将护根覆土物移除，然后将种植盆一边倾斜，再缓慢将苗木根团移出种植盆。将根团周围缠绕的碎根解开并贴土剪掉，然后再剪掉所有径直从土球四周伸出的根须。再在种植盆中加入肥沃的混土培养基，并将根团缓慢滑回盆中，将种植盆放正。将新加入的土壤四周压实。继续在根团顶端加入 5～7.6cm 的培养基，然后重新铺上覆盖物。充分浇灌剪根后的苗木。如果植株或种植盆体积过大，不便于向一边倾斜，可以使用手持式修枝锯将根团外侧生长的所有根系切离盆土。

图中容器培育的鸡爪枫可于早春进行移栽。鸡爪枫叶片有裂口，外观雅致，其枝条多自然下垂，更是增添飘逸优雅之感。

使用护根覆盖物

种植时所铺的 7.6cm 厚护根覆盖物需要进行全年养护。如果覆盖物较薄，则需要在其底部铺一层吸水园艺地布来抑制杂草窜长出覆盖物。

护根覆盖物可保持土壤湿润、调节土壤温度，并抑制杂草生长。除此之外，从外观上来看，铺上覆盖物就表示一株苗木的定植工作已大功告成。常用的有机覆盖物包括树皮、木屑、堆肥、腐叶土（部分分解的枯叶）、锯末、秸秆、草坪修剪废料、荞麦壳，以及松针等。覆盖物越精细，越容易分解，抑制杂草生长的能力也越强；但同时也需要更频繁地进行补充。有机覆盖物在分解过程中可以为土壤带来腐殖质，但同时也会消耗掉土壤中一种必要的营养元素——氮。质地精细、未分解的有机覆盖物对土壤中氮元素的消耗最为迅速。因此，需要随时观察土壤是否出现缺氮现象，例如苗木枝叶失绿变黄。如遇此状况，可以施用高氮肥料（如 20～10～10 的均衡肥）进行改善。足量腐叶土、粪肥或二者混合物作为有机覆盖物，可为土壤提供充足均衡的养分，且不会消耗土壤中的氮。

下图中展示了许多外观迷人的不同种类、颜色、质地的园艺有机覆盖物：松树、冷杉、雪松、铁杉，以及各种常绿植物的树皮，可以为粉末状、块状、切片或碎条状（图中以颗粒从细到粗排列）。松针和松柏植物树皮为酸性覆盖物，不能用于喜碱植株的种植。养护成本较低的无机园艺覆盖物，如石子、碎岩石、鹅卵石、砾石、火山岩和砖石等，常用于平整的种植地，并且经常可以在规则式、日式或旱地景观中看到。

从左上逆时针方向，无机覆盖物：灰色花岗岩、黄色沙滩鹅卵石、红砖碎块、大理石碎块、浅棕色火山岩、红色火山岩、玉色沙滩石。

从底部逆时针方向，有机覆盖物：陈年硬木碎片、新鲜硬木碎片、红色染色雪松刨丝、未染色雪松刨丝、松树皮切块、松树皮刨丝、铁杉刨丝、松针、柏树刨丝。

覆盖物颗粒越细，分解速度就越快。有机覆盖物在分解过程中会为土壤增加养分，但同时也会消耗氨。为避免此类问题，可以使用腐叶土或粪肥充当覆盖物。

堆制肥料

　　堆肥为各种已分解有机物所组成的混合物，是十分优质的土壤改良剂和护根覆盖物。当作为土壤改良剂时，可将堆肥埋于土下几厘米深处。当作为护根覆盖物时，则只需将其铺在土壤表面。堆肥是处理园艺废料、秋季落叶和蔬菜厨余的最优方式。

　　有些人在制作堆肥时非常讲求科学精神，操作十分严谨。他们会使用到隔热容器，测量堆肥温度，并且精准把控各添加物用量，以促进反应并控制最终产物质量。但其实制作堆肥完全可以十分简单，只需收集一堆植物废料待其自行分解，并时不时地用翻土叉进行翻堆混合，让堆肥中混入氧气即可。此种方法制作出的堆肥品质优良，但需要较久的时间才能制好。

　　若想节省一半或更多的制作时间，可以将有机废料切成小块（用除草机、吹吸叶机或切碎机将树

添加树叶

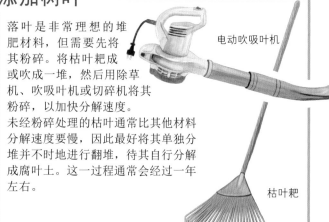

落叶是非常理想的堆肥材料，但需要先将其粉碎。将枯叶耙成或吹成一堆，然后用除草机、吹吸叶机或切碎机将其粉碎，以加快分解速度。
未经粉碎处理的枯叶通常比其他材料分解速度要慢，因此最好将其单独分堆并不时地进行翻动，待其自行分解成腐叶土。这一过程通常会经过一年左右。

电动吹吸叶机

枯叶耙

叶粉碎）、保持堆料潮湿，并且每周用翻土叉翻动松土 1 ～ 2 次以确保通风。若想进一步加快分解速度，可向每 9L 枯叶中加入 2 杯高氮肥。如果土壤为粘质土，再加入 2 杯石膏。如果所种植物喜酸，应将堆肥中的肥料换成酸性肥。

制作铁丝网堆肥桶

难易度：容易

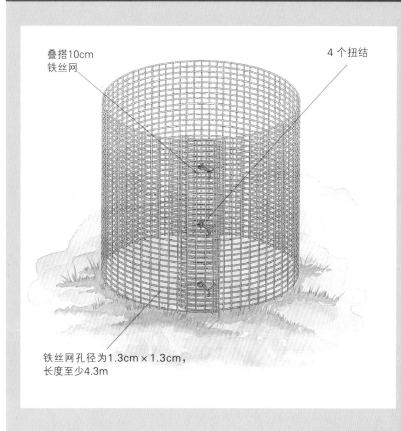

叠搭10cm
铁丝网

4 个扭结

铁丝网孔径为1.3cm×1.3cm，
长度至少4.3m

　　该堆肥桶能够防止堆料被吹散、促进通风，并且通过将堆料局限在一定空间的方式防止堆料内部散热。如果不定期翻动分层堆料，在一年左右就可以得到制作好的堆肥。注意：仅由未经粉碎的落叶制成腐叶土需要 1 ～ 3 年时间，具体视叶片大小、类别及气候条件而定。

1 用孔径为1.3cm的铁丝网围成一个圆柱形堆料桶并在首尾相接处形成10cm左右宽的叠搭部分，然后用重型扭结将这部分锁紧固定。

2 将堆肥桶直接置于土壤上面。若要防止食草啮齿动物啃食堆料，可将堆肥桶置于铺面或孔径为1.3cm。的方形铁丝网之上。用胶合板作桶盖为堆料遮阳挡雨，防止堆料过于潮湿。

均衡肥料

植物能够从土壤中吸收到健康生长所需要的大多数营养元素。氮元素（N）能对植物的茎叶生长起到至关重要的作用，磷元素（P）可以促进根部和花果生长，钾元素（K）也主要促进花果生长。这三种元素是植物生长的三大主要营养元素，即需求量最大、消耗量最快的元素。商用肥料，无论是有机肥还是化肥，都可以提供这些主要营养元素，并且通常还含其他次级营养元素和痕量元素。这类肥料称为"均衡肥料"。

均衡肥料的包装上标有 N-P-K 含量比例，以此说明其中所含三种主要营养元素的配比。通用型均衡肥料可能会标有 20-20-20，说明其中包含的三种主要营养元素比例相同。观花植物通常需要磷钾含量更高的肥料才能长势更好，如 5-10-10 的肥料。

肥料释放营养元素的速率决定了施肥方法。缓释肥料会于施用后的几个月内将营养元素释放到土壤之中，通常可以一年一施。人工缓释均衡肥通常会在施用后的 6～8 个月或 12 个月内完全释放营养元素。有机缓释肥包括石灰石、白云石、过磷酸钙和磷矿石。

土壤贫瘠或种植灌木、小型观花乔木和树篱植物时，应向栽植穴或种植床中加入缓释期为 8 个月（春季种植）、12 个月（秋季种植）的缓释肥，以及磷矿石或过磷酸钙，以促进根部生长。在第二年之后，于中秋、晚冬或早春时节向土壤中再次施用缓释均衡肥，以补充土壤中消耗掉的营养元素。除施肥之外，还应每年为植株摊铺一次厚厚的由腐叶土、粪肥或二者混合物组成的有机护根覆盖物。这样就可以为植物提供健康生长所需的全部营养成分。

若想在植物生长季为其提供即时短期的生长刺激，可以为其施用速效肥料。速效肥料包括均衡"化学"肥料和由海藻、鱼及粪肥等"天然"材料制成的有机乳状肥。粪肥浸泡在水中制成的肥料称为"肥料茶"。大多数速效肥都能溶于水，采用喷施方式将其施用在叶片表面，这种施肥方法称为"叶面喷肥"。

任何肥料（以化肥为首）只要施用过量，都会造成植物的根部和嫩芽灼伤。因此，切勿施用超过产品外包装标签所建议的用量。施肥时应遵守"少即是好"的用量原则，这是因为过量肥料可以加快植物的弱势生长，从而使植物更易受到大风、干旱、极端温度、害虫以及疾病的危害。此外，过剩肥料会随径流从花园和草坪流入水系统，从而污染水资源。

生长不良、叶片褪色或不开花结果可能是营养不良的标志，但也可能是其他因素所导致，通常很难准确判断原因。观叶植物叶片变黄最有可能是缺乏氮元素，但常绿植物叶片变黄（阔叶常绿植物的叶片变黄且叶脉变深）则可能是缺铁造成的。开花稀疏可能是由于缺乏磷、钾或光照不足。

土壤测定可帮助确定植物问题的原因。应检查土壤的酸碱度，因为 pH 值可以影响营养元素的有效性，调整土壤的 pH 值可能在无须施肥的情况下解决问题。如果土壤测定显示需施肥，尽量施用水溶性速效肥。

肥料包装袋上的三个数字显示了三种主要营养元素的配比，从左至右依次为氮、磷、钾。观花树木施用磷、钾比例较高的肥料（如图所示）可以花开更盛，而观叶植物则更适合施用含氮量较高的肥料。

如何修剪植物

修剪，即选择性地剪除植物的某些部位，可以改善植物的健康和形态，使其生长得更为强壮和美观。修剪植物可以帮助控制植株尺寸和徒长现象，并且还能促进开花结果、清除枯死部位，以及修复损伤。重剪可以让许多木本植物重焕新生，规则式修剪则可为树篱塑形并使其维持美观的形态。

尽管落叶植物比常绿植物更适应矫形修剪，但通过修剪来为外形不美观的乔木和灌木重新塑形仍然需要好几年的时间。因此，在购买某种木本植物之前，应该先研究了解其茎、干以及主枝的线条。选择一株可能只需要一定程度的前期修剪即可长成理想形状的植株。如果你选购的植株适合园地空间，且能适应园地的生长环境，那么修剪就会变成只需每年做一次的杂活而已。

手动修剪工具

价格通常可以作为判断工具品质的可靠标准。但是，只要使用得当并妥善护理，即使是中等价格的工具也能够终身使用。保持刀片锋利，并给工具连接处上油。每次使用完毕后，将刀片上的尘土擦净，并用煤油等溶液清除树液。将工具储存在干燥处，并远离儿童放置。为了防止工具在长期搁置后金属部位生锈，应在存放前为金属部位上油。

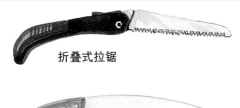
折叠式拉锯

拉锯

牧养牛可以让松柏植物保持较为紧凑的外形。这是因为牛只会啃食松柏植物新生的幼嫩枝芽，而保留那些较老的枝条。手动修剪可以通过类似的原理来控制松柏植物与阔叶植物的生长。

拉锯，又称"希腊锯"，通过施加拉力而进行切割。拉锯很适合在狭小角落使用，也很适合头顶作业。折叠式拉锯可以放在口袋中进行携带。非折叠式拉锯则需要使用特制护套进行携带和运输。

旁路式修枝剪

砧式修枝剪

折叠修枝刀很适合用来做一系列修剪操作，从切割木材到梳理缠绕在一起的枝条都可胜任。

旁路式修枝剪包含两片弧形的刀片——其中一片为切削刀片，另一片为夹枝刀片。弹簧结构可以让使用者轻松开合剪刀。为了在树杈部位获得最整齐利落的切口，应将刀片置于想要保留的树枝枝领部位。旁路式修枝剪适合修剪直径为1.3cm左右粗细的木材，这一点与砧式修枝剪相同。砧式修枝剪带有直边切削刀片，以及与其相对、可以抵住切削刀片的砧座式平面刀片。砧式修枝剪使用时较费力，但同时可以提供更强大的切削力。在修剪时切削刀片遇砧座而止。但是，此类修枝剪通常会将茎干夹碎，而且不像旁路式修枝剪一样可以贴合树杈处精准切削。此外，砧式修枝剪通常都会损伤枝领部位。

在种植期时，只需将新栽植株的坏死枝在贴紧主干枝的部位剪除。由于裸根苗木在销售时根系较不发达，因此苗木修剪说明中通常都会建议将植株的 1/3 枝条剪掉。但这一长期受到广泛认可的操作，如今却受到了质疑。研究显示，新栽乔木顶端重剪实际上会抑制根系生长，这是由于植物大量生根需要叶片为其提供养分。

修剪主要分为截顶和疏枝两种方法。截顶是指通过剪除枝茎的顶梢而将其修短的操作。这种方法通过剪除处于休眠期的顶芽而促进主干枝更低端嫩芽长成新枝，从而获得更为茂密的植株。疏枝是指将枝茎从贴紧主干枝、树干或更大的枝条的分生处整条剪掉的操作。这种方法通常用来剪除坏死枝、交错枝，以及将植物树冠内部修剪得更为开阔通透，以促进通风和透光。

弓锯带有优质锋利锯片，能够迅速切割直径几厘米的大枝条。弓锯手柄位于锯条上方，便于使用者施加推力进行切锯。尖柄弓锯可以在狭小处进行切割，但是切割深度受限。D 形弓锯长度为 53 ~ 102cm 不等，可以进行更深的切割以及双人作业。

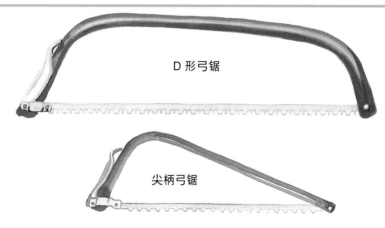

D 形弓锯

尖柄弓锯

长杆修枝锯

通常带有一根长长的木轴或带滑动装置、可锁定不同长度的玻璃纤维管。在修剪细小的高枝时，使用长杆修枝锯可避免搭梯子或爬树。带有伸缩轴的修枝锯可以伸长到 3 ~ 4.3m。如需修剪直径为 1.3cm 或更粗的树枝，可以使用拉绳高枝大力剪进行修剪。若要修剪直径为 2.5cm 左右的枝条，使用锯片更为得心应手。在正式修剪之前先在枝条底部切出下口，可以防止树枝剪断掉落时将树干树皮连带下来。

园艺大力剪是旁路式修枝剪和砧式修枝剪的变形，适用于更重型的修剪工作。园艺大力剪需要双手操作，能够剪短更粗壮的树枝。在修剪难以触到的部位时，使用园艺大力剪就显得尤为得心应手。更大型的园艺大力剪带有棘轮装置，便于在无须额外施力的情况下加大切削力。有些型号的园艺大力剪可以剪断粗至 1.3cm 的树枝。无论何种结构的园艺大力剪，都只能用于修剪紧密贴合刀片咬合形状的枝条，以确保在不过度压迫施力点的情况下有效进行切削。大力剪长长的手柄可以起到杠杆作用，会让较为强壮的使用者不自觉加大压力，从而损坏或折弯手柄和刀片。

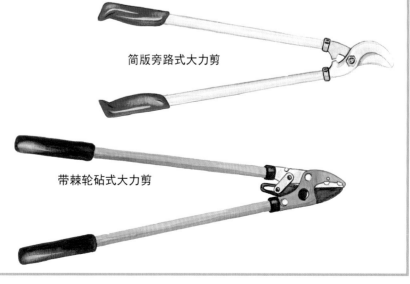

简版旁路式大力剪

带棘轮砧式大力剪

绿篱剪

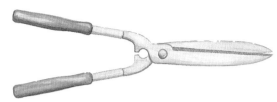

技艺娴熟的使用者可以用手动绿篱剪进行一系列的操作，无论是将绿篱边缘修平，还是雕琢树雕的灵动曲线都不在话下。使用绿篱剪的难点在于胳膊与手进行切割的同时，眼要一直关注切割面，保证其平整。

电动绿篱剪使用起来更省力，只需将其优雅地扫过想要修剪的表面即可完成平整顺滑的切削。为了能够更好地掌控电线，可以将其搭到行进方向同边的肩膀上。

电动修剪机

安全须知：使用所有电动工具时，确保电源延长线符合厂家技术标准，并连接接地故障电路断路器（GFCI）作为保护。

往复式锯是非常好用的修剪机，尤其是在每年一度将一排丁香树的 1/3 枝茎剪到贴地高度时最为有用。

市面上的链锯有电动款和气动款。普通修剪操作可能并不会用到链锯，除非你每年需要锯一大批木柴生火而用。对于有些树干细于 10cm 的乔木来说，可以用弓锯替代链锯进行切削。然而，如果你需要用到链锯，并且可在离室外电源 30m 范围内完成全部修剪工作，那么选择一款电动链锯即可完成任务。

与更大型、更重的气动链锯相比，电动链锯不会排出烟气、更易维护、低价，操作噪声也更小。电动链锯通常通电即可用，除非其锯链变钝时，应先予以锉磨。气动链锯也是如此（钝化的锯链会在使用时产生锯屑大小的颗粒，并且会严重拖慢切锯速度，让使用者错误地在电锯导板上施加更多压力。使用锋利锯链进行切锯时，产生的锯屑大小似燕麦片，切割木头就如同切割黄油一样顺滑。固定在电锯导板上的磨刀器可以将每个锯齿都磨成相同的角度和深度）。

警告：链锯是常用工具中最为危险的电动工具之一，对于经验不足、身体疲惫以及粗心大意之人尤是如此。使用链锯时最常发生的危险是

由于链锯回弹而造成很深的、切到骨头的伤口。通常电锯导板鼻杆附近的锯链突然遇到较硬的阻碍（如未注意到的大枝或其他障碍物）时会产生这种回弹。为了防止电锯回弹，应双手拇指与其他四指对握，握紧两个手柄，同时左肘伸直不弯曲。在使用链锯之前最起码要做到仔细研究厂家使用说明并谨遵安全指导进行操作。

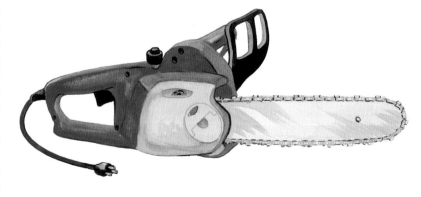

基本修剪方式

乔木、灌木和树篱的塑形需要用到不同的修剪方式，并且落叶植物与常绿植物的修剪也不尽相同。修剪时应小心谨慎，一旦出错便很难修正。例如，许多松柏植物都无法从旧木上长出新芽，因此如果剪错，便容易留下永久的切口。

可以使用修剪的方式来引导植物生长，从而得到更多种多样的树形。本书中的照片展示了许多树种的典型成树形态，但是所有的树木形态都各有不同，不会与照片中的完全吻合。对于落叶乔木而言，冬日时植物园和公共花园中能看到的树形外廓就是最好的修形范本。可研究了解感兴趣树种的外形特征，并且训练自己的眼力，争取可以肉眼观察出需要修正矫形的细节。

在修剪病枝时，应在使用工具之前及每进行一次切削剪之后，将切削刀刃在氯漂溶液（1份漂白剂兑9份水）中沾湿，以降低修剪工具将病害有机体传播到树体其他部位的可能性。

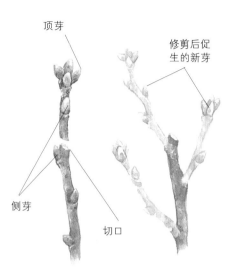

剪除顶芽或顶端新生枝可以刺激底部的休眠芽生长，形成更多侧边嫩枝，进而得到枝叶更为茂密的植株。如果保留顶芽，那么顶芽便会抑制侧枝生长，导致树木的枝茎都集中在树体顶端。

在修剪长有互生芽的枝条时，先确定想要让枝条朝哪个方向生长并找到朝这一方向的芽。在芽上方0.6cm左右处进行切割，角度与芽的生长方向平行。无论切口大小，都无须使用伤口敷料。

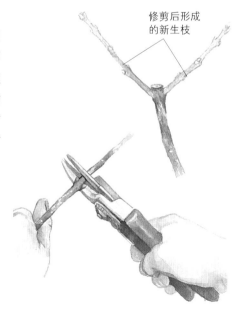

修剪长有对生芽的枝条时（如枫树和梣树的枝条），应在对生芽上方刚好可以剪掉芽尖的位置直线剪下。这样可以确保两侧芽长势相同。

在用园艺大力剪或修枝剪进行修剪时，将切削刀片贴近想要保留的部分放置。在枝领外侧一点以图中所示角度进行切削。这样可以留下一段残蒂，促进切口快速愈合。

何时需要修剪

修剪可以促进木本植物生长，其原理与掐除枯花以及掐尖对于草本植物花叶生长的促进作用类似。将这一基本原则搭配各观花植物花期综合考量，便得出了下面的修剪时间表。

简而言之，在临近植物生长季时进行大规模重剪可以最大程度地促进生长；轻剪或生长季末期修剪对生长的促进相对较弱。夏至之后、植物开始进入休眠期之前不应进行修剪；此时修剪会使植物突然长出柔嫩的新生枝芽，但又没有足够的时间变得强壮坚韧以抵御冬季严寒，从而对植株造成损伤。

常绿植物

春季时，修剪

◇ 在树木开始活跃生长之前修剪掉冬季冻伤或受积雪压伤的枝条。

◇ 修剪松树、冷杉、云杉以及其他松柏植物，以促进枝条茂密生长，并且通过剪掉早春时生出的淡绿色新枝芽来改善树木形态。将新生的松芽（又称"蜡烛芯"）芽尖剪掉，或直接剪掉半段新芽。

◇ 为减慢松柏常绿植物的生长，或让其长得较为低矮，应以每周增 1～2 次新生枝修剪。这样可以防止留下不美观的切口。

◇ 修剪在新枝上开花的植物（大多夏季开花），为了促进植株开花，在晚冬或早春还未进入生长季时，将旧枝剪除。

◇ 为生长过盛的阔叶灌木进行塑形修剪，修剪量不应超过一季全部绿叶的 1/3。

夏季时，修剪

◇ 在旧枝上开花的植物（大多春季开花），花谢后即修剪，之后让其长出新枝和花苞并于下一季开花。

◇ 为给阔叶常绿植物塑形或抑制其生长，于初夏花期后修剪。冬青树应于夏至到夏末修剪。

秋季时，修剪

◇ 修剪松柏常绿植物枝条以塑形，或疏通过密生长。

◇ 剪下一些枝条作节日装点（不会伤害植物）。

任何时候，修剪

◇ 坏死枝和病枝。

◇ 稍剪下一些花叶作为装点。

落叶乔灌木

春季时，修剪

◇ 修剪在新枝上开花的植物（大多夏季开花），在晚冬或早春未进入生长季时修剪，以促开花。

夏季时，修剪

◇ 修剪在旧枝上开花的植物（大多春季开花），应在花谢之后立即进行修剪，以免误剪到新生花苞，并促进下一季花期时花开更盛。

◇ 修剪幼龄观叶植物（初夏），以促进茂密生枝。将已开始长侧枝的半数肉茎贴分枝处剪去。

◇ 在夏季生长季结束后，修剪植株以抑制生长速度或高度。

◇ 在植物所有的新生枝条都长成后，若植物已经达到理想高度，可以进行修剪以控制株高（将切口稍微靠近旧枝）。

◇ 修剪树液大量流出的乔木，如枫树和桦木。

秋冬季，修剪

◇ 修剪休眠期的乔木以塑形或整枝。

◇ 为休眠期、生长过旺的灌木重新塑形。

任何时候，修剪

◇ 坏死枝或病枝（应在落叶之前修剪死枝，否则很难将其与处于休眠期的枝条区分开来）。

◇ 剪下少量的绿枝、花叶和冬季树枝作为室内装点。

秋季和冬季是修剪落叶乔木的好时机。在乔灌木休眠时，可以修形或整枝，使其按照一定的方向生长。

第二部分

乔木

适

合家庭园林种植的乔木种类不胜枚举。为了能够让你更轻松地挑选适合自己的乔木种类，本书提供了各式树种的详细信息，涵盖最主要的 52 个乔木类别，即生物学中所称的"属"（genera）。

重点信息和关键细节

乔木是花园观赏植物中最长寿、最大型的一员。一棵乔木即可定义一座花园的整体风格。无论春秋冬夏，乔木都能用其婀娜的姿态、明丽的颜色，以及其他亮点来装点一方园地。草本花卉一年一枯荣，但乔木却时刻都保持高大挺拔的外形。大多数乔木都十分长寿，可以常驻园中，陪伴园林主人和后代子孙。

设计灵感

作为一方精美园景中的全能多面手，乔木与园墙、围栏、灌木、树篱以及其他永久结构一起，为

矮种科罗拉多蓝云杉叶片呈银蓝色，该树最大可长至 1.5m 高 0.9m 宽。

园林提供了设计骨架，即最基本的景观结构。乔木是园林景观中至关重要的元素。它们不仅能够改变周围环境，还会影响你对其周围种植树木的选择。因此在选择乔木树种时，需要确保所种乔木与现有空间相匹配、能在种植地环境中苗壮生长，同时还要和周围其他景观要素风格一致。如果在种植五年或十年后才惊觉当年选错了树种，那改正这一错误将会是一件花销极大的麻烦事。

你可以在草坪上种一棵气宇轩昂的大树作为整个庭院的焦点，也可挑选较纤小的乔木进行群植。混合花境中通常包含灌木和草本花卉，若再种上一棵或几棵小型乔木，便更能凸显花境的设计和美感。常绿乔木可以为庭院带来一整年的鲜活色彩。而种在房屋附近的落叶乔木则可帮助调节室内环境——夏季时，枝繁叶茂的乔木能够带来阴凉；冬季落叶归根后，冬日暖阳又能够不受遮挡地照进窗子。乔木还有框景、标记建筑红线，以及吸收街道噪声等诸多用途。

一棵乔木是否能被最好地利用，取决于其树形，即生长习性。垂枝树外观优雅浪漫，宜远观或临池而种，赏其倒影；直立圆柱形乔木则具有更庄严规则的外表，通常种于车道两旁，或种于规则式花园及大型庭院景观中以突出竖线条。常绿乔木还可以充当屏障绿篱或防风绿篱。

在计划为宅院增添新树或移除一棵现有乔木时，需要从树种多样性方面进行考量。新添乔木应在尺寸、形态、叶色或纹理方面区别于其他树木；或者选择与其他树木交错开花的乔木；还可以关注某些树种具有的独特亮点，比如颜色醉人的秋叶、硕大显眼的果实、引人注目的树皮，或是沁人心脾的花香，等等。

重点：确保所选树种能够抵抗当地的寒冷气候，且能适应宅院的小气候，同时也要提供促其苗壮生长的其他条件要素。

一年四时，皆有乔木可选

在进行园景规划时，要考虑到乔木的特性、季节亮点，以及其他用途（如是否可经过整枝驯化为树篱）。

观花乔木

红花槭
七叶树属
紫荆属
流苏树属
深黄香槐
山茱萸属
山楂属
珙桐
洋木荷
北美肥皂荚
银钟花属
栾树
沃氏金链花
紫薇
鹅掌楸属
木兰属
苹果属
酸木
李属观花果树
豆梨
国槐
紫茎属
安息香属

观果乔木

北美翠柏
鹅耳枥属
雪松属
某些山茱萸属植物
榛属
黄栌属
山楂属
冬青属
栾树
鹅掌楸属
木兰属
苹果属

多花蓝果树
栎属

树皮美观

血皮槭
桦木属
粗皮山核桃
深黄香槐
绿山楂
珙桐
桉属
水青冈属
洋木荷
紫薇
北美枫香树
白皮松
紫茎属
榔榆

秋色迷人

槭属
美洲鹅耳枥
流苏树属
山茱萸属
黄栌属
绿山楂
卫矛属
洋木荷
梣属
银杏
紫薇
日本落叶松
北美枫香树
多花蓝果树
酸木
豆梨
猩红栎
紫茎属

冬日亮点

北美翠柏
雪松属
扁柏属
扭枝欧榛
山楂属
水青冈属
冬青属
刺柏属
落叶松属
木兰属
苹果属
黄檗
云杉属
松属
栎属
花楸属
紫茎属
崖柏属
铁杉属

树篱乔木

北美翠柏
欧洲鹅耳枥
雪松属
扁柏属
黄栌
山楂属
密生蓝桉
冬青属
刺柏属
紫薇
松属
崖柏属
铁杉属

乔木形态及生长习性

由于成年乔木体形高大，因此其最终形态和尺寸是决定乔木在庭院景观中功能的最主要因素。轮廓剪影是二维的，但真正的树木是三维立体的。在图纸上进行景观构图时往往倾向于二维思考，但若想在景观中加入乔木，则一定要充分考虑到立体三维尺度。下面根据不同乔木的外形和设计特点为你提供一些设计思路。

庭荫树：庭荫树普遍具有枝条延展开阔的特点，但不同庭荫树的树形也不尽相同。即使是同一棵庭荫树，在不同生长阶段也可能呈现出不同的树形。例如，有些庭荫树（如糖槭）的树冠会逐渐长成金字塔形，而很多栎属乔木的树冠则会日益圆润。生长缓慢的榉树在幼树时呈现花瓶状外形，而随着树龄的增长，其树冠也越来越圆润。

由于庭荫树树冠延展开阔，因此需要种植在四下空旷的地方，远观之下尤为迷人。单棵庭荫树就可以将庭院打造为舒适清幽的室外客厅。若将庭荫树成对远距离种植，则能形成一面壮观的绿荫天蓬，为大型庭院提供阴凉，也为庭院入口增添恢弘大气之感。

但是乔木之下不宜种植花卉植物，即使种植也较难成活，这是因为花卉植物的根系会和乔木根系争夺水和养分。庭荫树遮阳能力极强，即使是耐阴能力极高的草类植物也可能无法在树下生长。因此，可以将庭荫树下阴凉区域铺上鹅卵石或者碎岩石来加以点缀。

直立圆柱形乔木：该类乔木枝条紧贴树干向上生长，整体形态十分对称。具有圆柱外形的乔木栽培种通常在名字中都会含有"柱形"或"帚状"等字眼。

圆柱形乔木可种于整体形态圆润的树丛附近，以突出纵向线条感。圆柱形乔木尤其适合种在开放式园景中；将其种在高耸现代的楼宇之间也能凸显其挺拔俊秀。一些圆柱形栽培种，如柱形红花槭，柱形欧洲鹅耳枥，或是欧洲水青冈的柱形栽培种，如"道威克"欧洲水青冈。"普林斯顿哨兵"和"梅菲尔德"银杏树也是非常美观的柱形栽培种。北美香柏及刺柏属的某些栽培种常绿乔木的树冠呈尖形且树形纤窄，非常适合作为防风树种植。将青翠雄伟的圆柱形乔木整齐地种在林荫大道两旁，更能突显出规则式园林的恢宏与庄重；而将其群植在一望无际的草地之中，也会将整体景观衬托得更为苍茫大气。小型

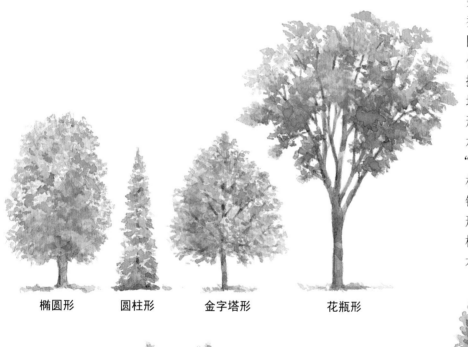

椭圆形　　圆柱形　　金字塔形　　　　花瓶形

圆球形　　　丛形　　　　垂枝形　　　　圆锥形

圆柱形栽培种适合作为孤植盆栽，装饰庭院、露台或屋顶花园。

　　垂枝乔木：若想为园景增添一丝优雅，垂枝乔木可谓是不二之选。垂枝乔木适合种在水边或通风处，任其低垂的树枝倒映水面，在微风的吹拂下徐徐摆荡，摇曳生姿；哪怕只是将其种在开阔的草地中央，也别有一番景致。垂枝乔木可给整体景观带来巨大的影响，因此如果花园空间较小，种上一棵垂枝树就已足够。由于垂枝的外观备受欢迎，因此市面上通过人工栽培或嫁接等方式培育出了许多带有垂枝特征的栽培种，如垂枝海棠、垂枝柳树、垂枝桦树、垂枝欧洲水青冈、垂枝日本四照花、垂枝观花樱树等。垂枝松柏植物中最为优美的栽培种当数垂枝蓝色北非雪松。

　　观花乔木：观花乔木花开千姿百态。香槐花朵外观雅致，洁白的花簇微微低垂；红花七叶树的圆锥花序则为明丽的猩红色；木兰属乔木的硕大花朵呈粉色杯形或白色茶碟形。除此之外，还有许多形形色色的美丽花树不胜枚举。甚至有些以叶片或树形为主要观赏亮点的乔木，也能开出让人惊喜连连的花朵：红花槭小花以一抹深邃猩红拉开春天的序幕；而垂柳明黄色的柔荑花序则随婀娜的柳枝轻柔垂坠。尽管观花乔木在盛花期常会艳惊四座，但其花期较短，通常只能维持几周，更短的则仅有几天时间。因此，在购买观花乔木时，应选择同时带有其他观赏价值的品种。山茱萸、海棠和山楂属乔木不仅花朵吸人眼球，还拥有丰润透亮的果实和色彩明丽的秋叶，哪怕是光枝裸树也别有一番韵味。

　　如果家里空间足够大，可以选择一种或多种花期不同的乔木穿插种植，确保从早春到夏末都有繁花可赏。举个例子，如果你的花园位于温暖的地区，那么可以种上早春开花的李树、樱树和星花玉兰，再搭配晚春开花的山茱萸、紫荆、新型梨树栽培种、海棠以及山楂；盛夏时，则可以种上栾树或毒豆属乔木来点亮园景。若庭院空间稍小，可以以常绿乔木为背景，种上两到三棵观花乔木，让花园四季都有美景可赏。若你的花园空间只能容纳一棵乔木，那么春季开花的东京樱花和大山樱则是不错的选择。

　　秋冬亮点：冬季时分，乔木可以彰显硬朗坚毅的轮廓、与众不同的树皮或是可供观赏的果实。栎树冬季高大雄伟的身影尤其令人叹为观止。夏季时往往难以区分常绿乔木与落叶植物，但到了落叶季节，这些常绿乔木便纷纷成为了园林中的亮眼焦点。外形端庄的北美翠柏、优雅动人的塞尔维亚云杉和高大雄壮的黎巴嫩雪松都会

垂枝樱树既有迷人春花，又有优雅枝条。图为垂枝复瓣大叶早樱。

在冬日园景中绽放独特光芒。

　　大多数乔木的树皮都会随树龄增高而变得越发粗犷，也更加耐人寻味。有些树的树皮会层层剥落，形成优美的纹理。血皮槭紫褐色的表层树皮脱落后会露出一层明艳的肉桂橘木层；白皮松光滑如大理石般的树皮和纸桦的美丽外观也难以一分高下。冬日里的冬青、山楂，以及许多观花海棠树等乔木枝头会长有色彩艳丽的果实，可以吸引鸟儿前来觅食。鸟儿的到来更是让冬日庭院生机盎然；越冬候鸟常常会在开春时驻留庭院，帮树木除掉害虫。

选择品种及种植地点

在为乔木选择种植地点时，应确保所选地点能够满足植株生长需求，否则应调整庭院设计或选择其他品种。

在购买乔木植株之前，先画一幅庭院景观的平面图，综合思考庭院设计、宜种树种和种植地点等方面。全面考量所选品种各方面的特征。种植时要评估树木与建筑物和园林中其他永久结构的位置关系（大型乔木种植地点须离房屋地基至少6m远，小型乔木则离房屋地基至少2.4m远）。许多人都将乔木种得离房屋建筑过近，导致成树生长空间不足，也为房屋的维护和修缮工作带来不便，还会阻碍空气流通，导致房屋出现结构性霉烂等问题。距离房屋过近的乔木会遮挡屋内采光，因此要定期进行强修剪。这

样的强修剪树木长势杂乱，外形不规整。

除了要考虑植株尺寸因素之外，还要考虑该品种的观赏价值。例如，步道或庭院附近可以种上一棵花香四溢的小型乔木；或是在窗子附近种一棵果实多彩的树，冬季时便可以倚窗观赏满树果实和前来觅食的鸟儿。如果是要选择适合在草坪上种的乔木，则应避开北美枫香树，否则在季末除草之前必须先费力拾起它掉落在草坪上的圆球带刺果实；在常有车辆往来的车道旁也不宜种山楂。山楂掉落的果实很容易被踩到并黏在鞋上，成为吸引胡蜂的一大隐患。除此之外，也应避免在水电管线和排污化粪系统附近种树。

很多幼年乔木在个体较小时可耐受浅阴环境，但是大多树形高大的乔木在成长过程中都需要全日照。原生于林下叶层的中小型乔木（如紫荆和美洲

考虑空间尺度

单层住房注意事项

双层住房注意事项

单层住房通常适合种中小型乔木，以构成更好的空间尺度。树木过高会让房子显得矮小，而且过高的松柏植物会在视觉上将房屋切成两半，还会一年四季遮住房内视野。两层住房要配合稍高的乔木才更加赏心悦目。左下角图片中的矮小乔木让房子看起来过于高耸。配合房屋空间尺度栽植树木可以营造一种自然的平衡感。矮小的灌木更是不会挡住窗外景色。

阳光照射

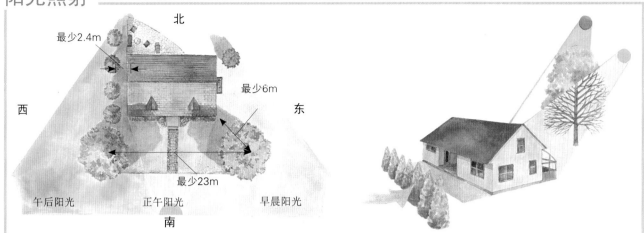

太阳路径与植树间距：在为种树选址时，要考虑太阳自东向西的路径移动及其对于光照和阴影的影响。成树很大的乔木在种植时离房屋至少要 6m 远。尺寸稍小的乔木则至少要离 2.4m 远。

日光角度和盛行风：南向种植的大型落叶乔木会遮挡高角度的烈日。冬季时，温暖的低角度日光可以从乔木空枝空隙中透过。种上一排茂密生长的松柏植物可以抵挡冬日凛冽的寒风。

鹅耳枥）通常可在充分日照或浅阴环境下良好生长。日照均匀且枝展空间充足的乔木更容易长出对称美观的树形。在选择种植地点时，应以所选树种的最终形态和枝条伸展状态作为参考。例如，相比金字塔冠形的乔木，圆柱形乔木在种植时应靠得更近。一定要给乔木预留充足空间，供其抽枝散叶，长为成树。两棵大型庭荫树的种植地点要相隔 23m 以上。如果想要打造一面自然的隐私绿屏，可在栽种时将树木呈"之"字形排列，让其在视觉上更显茂密。

用心规划落叶乔木的种植地点，确保炎夏酷暑时有树荫遮阳，数九寒冬时暖阳可以透过裸枝空树照进屋中，节省暖气费用。

选择植株

规划好种植地点后，就要开始选购植株了。如果想种新树，最好选择幼年树苗。幼树具有价格低廉、易于移栽、生长速度较快等优点。研究表明，若同时栽种一株 2.1 ～ 2.4m 高和一株 4.6m 高的同种乔木，那么仅需几年时间，前者高度就可以超过后者。

如果你想要种一棵大树，可以委托专业的庭院景观服务公司进行操作。公司会派遣经验丰富的工人，并配备各种机械设备，在土地条件允许的情况下随时进行栽种。

植株选择

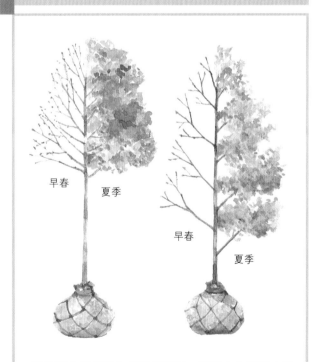

该选图中哪棵树？ 苗圃售苗时，有时会先将苗木进行修剪，以展现其修长的树干和茂密圆润的树冠（如上图左）。但这样的苗木往往长有距离近的枝条，种植不久便需要进行大量疏枝修剪，以避免大枝长粗后出现拥挤交叉等现象。上图右侧的树苗的大枝间距则更合适苗木生长。

乔木的种植与移栽

准备土壤，并挖一个直径约为根团宽度2～3倍的栽植穴。无论是容器幼苗移栽，还是种植一棵更大型的土球苗，都要保持苗木入穴过程中动作轻柔，保持根团完整扎实。确保苗木根领露出土面5cm左右，并将其周围多余的土壤拨开，形成向下的土坡。若乔木在栽后五年内未能成活，很可能是由于当初栽种时入土过深或根系下沉而诱发冠腐病致死。

在栽植期修剪新栽树苗（尤其是裸根苗）曾被认为是一项标准操作。当时普遍观点认为，剪掉新树的顶端枝条可以促进其根部生长发育，从而弥补苗圃起苗时损失掉的部分根系。但如今，专家已不建议在栽植期对树木进行修剪。研究表明，顶芽能够生成促进根系生长的激素，茂密的树叶也能促进光合作用，从而合成更多营养物质，供根系健康生长。因此，栽植期强修剪反倒会阻碍树木根系发育伸展。

大型乔木的移栽工作最好还是交给专业人员，但针对已经扎根的小型苗木，则可自行或找人帮忙进行移栽。自行抬动小型苗木并将其妥善移栽并非难事，但为确保移栽成功，最好在移栽前一年开始进行准备工作。

苗木种植注意事项

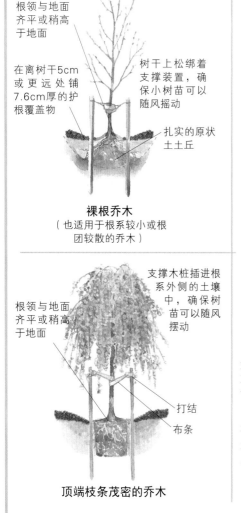

根领与地面齐平或稍高于地面

在离树干5cm或更远处铺7.6cm厚的护根覆盖物

树干上松绑着支撑装置，确保小树苗可以随风摇动

扎实的原状土土丘

裸根乔木
（也适用于根系较小或根团较散的乔木）

根领与地面齐平或稍高于地面

支撑木桩插进根系外侧的土壤中，确保树苗可以随风摆动

打结

布条

顶端枝条茂密的乔木

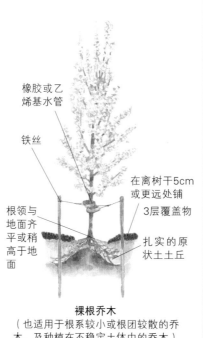

橡胶或乙烯基水管

铁丝

根领与地面齐平或稍高于地面

三根等距插放的木桩（或两根对插木桩）

在离树干5cm或更远处铺3层覆盖物

扎实的原状土土丘

裸根乔木
（也适用于根系较小或根团较散的乔木，及种植在不稳定土体中的乔木）

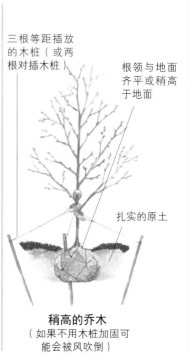

根领与地面齐平或稍高于地面

扎实的原土

稍高的乔木
（如果不用木桩加固可能会被风吹倒）

栽种时普遍遵守以下规则：栽植穴宽度为根团宽度的2～3倍，但深度不能超过根团高度。将根团置于穴中扎实的原状土之上，保持根领与地面齐平或稍高于地面，以防栽种后苗木沉降。新栽苗木应能够在风中自由摆动，这样有利于树干和根系生长得更强壮。但是有些乔木，尤其是种在多风地区的乔木，则需要木桩加固，以防被吹倒。用木桩固苗时，通常只需用木桩支撑苗木下部1/3树体即可。若栽植期为春季，则应在秋季或一年内将固苗木桩拆除。

固树和包裹

固树既可以帮助苗木在生根期间稳定直立，又能够矫直弯曲生长的树干。种植在多风地区的苗木在栽种初期可能需要额外的固树木桩。但是研究表明，如果乔木被迫依靠自身根系来维持树体稳定，久而久之会发育出更扎实牢固的根系。另外，相较于被木桩牢牢固定的苗木而言，能够随风摇动的树苗会长出更为粗壮的树干。因此，只有当落叶苗木无法在风中稳定直立，或树干弯曲需要矫直时，才需要对其进行木桩加固。固树木桩应在苗木栽植后一年内拆除。在为苗木树干围套水管或布条作为支撑时，应在缠绕物和树干之间留有一定空间，确保树苗能够随风摇动。松柏植物通常根团发达厚重，能够为自身提供良好的稳定性，因此几乎无须进行额外加固。

对于在寒冷多风地区生长的阔叶常绿乔木和松柏常绿乔木而言，可为其制作粗麻布防风屏，以防止苗木叶片水分流失过多。野兔或其他哺乳动物会啃咬幼苗树皮并致其死亡。为解决这一问题，可以在苗木树干上围一层钢丝网，以防止动物啃咬。将钢丝网与固树木桩相连，将其高度调整为预计积雪高度以上。这样一来，在积雪表面行动的饥饿哺乳动物就无法对苗木造成任何伤害。当春季来临，苗木进入生长季时，将钢丝网或粗麻布拆除。有些地区冬季日照强，可能会灼伤幼树树干。针对这种情况，可以给树干涂上一层石灰粉与树脂的混合溶液或白色乳胶漆来降低灼伤风险。用粗麻布充分包裹树干也可以在栽种后第一年起到同样的防灼伤效果。

如果苗木顶端枝叶较密且树干细长（如上图的杞柳），则需在 2/3 树高处进行加固，以防树干经风吹后从加固圈处折断。加固圈不能太紧，确保树干能够随风摇动。

用剪线钳缠绕并剪断铁丝（如左图）。图中的旧水管可用来当作护套。

选取三根钢缆线，在其外部套上水管作为保护套，可以为体型较大的新栽乔木提供支固。在支固此类大型苗木时，应确保钢缆线与地面角度较陡，留出便于除草的空间。

添加护根覆盖物和肥料

乔木根系在无须与杂草和其他植物竞争水分和营养元素的情况下可更健康茁壮地生长。此外，在乔木基部周围挖土种植其他植物可能对其根系造成损伤。对于水青冈属植物和根部肉质的木兰等浅根乔木来说，更要避免一切干扰根部生长的操作。即使有些乔木本身耐受力较强且扎根较深，也应谨慎行事，只可在树下种耐阴的浅根观赏性地被植物。这些地被植物可以在种植乔木时一并种下。

树下装饰的另一种做法是在苗木基部铺上一圈厚厚的护根覆盖物。覆盖物可以为旧木材、鹅卵石或者是碎岩石。护根覆盖物有各种各样迷人的颜色和材质可供选择。若想在树干周围再增加更多的色彩，可以在其周围摆放一些明丽亮眼的一年生花卉盆栽加以装饰。

新栽苗木及幼年乔木需要施肥。通常情况下，几乎无须为已生根乔木施肥。

草坪树则可从高氮草坪肥中获得足够的生长养分。过度施肥可能引发枝条徒长，进而招引害虫。举个例子，经过施肥后的铁杉树更易受铁杉球蚜虫的侵害，而施肥后的鹅掌楸则更吸引蚜虫。

如果所栽乔木出现营养不良的症状，最好先进行实验室土壤测定，再决定是否需要施肥及所需肥料用量。实验室测定报告会写明土壤中具体缺乏的营养元素以及相应的施肥比例。

晚冬时，乔木尚未进入快速生长期，此时是施肥的好时机。在气候温和环境中生长的乔木比较适合在秋季施肥，此时乔木顶端枝条已进入休眠期，但根部还处于生长状态。如果树下有杂草，则应选择晚冬

补施肥料

滴水线

在此区域撒施肥料（植株根系会延伸至滴水线以外）

如果实验室测定结果表明所栽乔木滴水线内的土壤缺乏氮元素，可以按照测定结果推荐用量对该区域土地表面施肥。但是，氮素极易溶于水，因此会被草本植物吸收。如果所栽乔木下方有草本植物，应待其进入休眠期后再进行施肥，确保氮元素能够充分渗入土地至草本植物根系无法触及的深度。

松土通风工具

无线电钻搭配 5cm 土钻钻头是最为简单易用且高效的工具组合，但却无法应付多石坚硬的土壤。面对这样的土壤，园艺达人们通常选用手摇钻来进行土壤扭钻的操作。虽然长长的挖掘杆很适合松土以及撬动石块，但同时也会压实其周围区域的土壤，除非巧妙使用该工具为栽植穴边缘松土。警告：在进行钻土和挖掘操作之前，先要确定作业区域没有地下埋管。

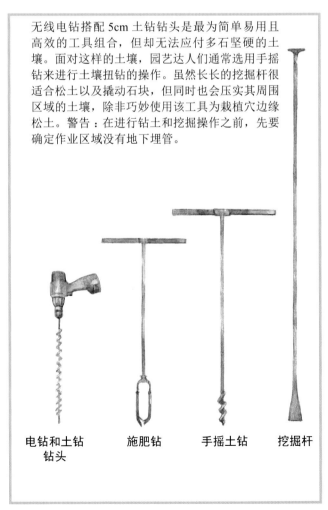

电钻和土钻钻头　　施肥钻　　手摇土钻　　挖掘杆

或早春的杂草休眠期给植株施用水溶性小颗粒氮肥，避免养分被杂草吸收。植株的根区范围通常远超过滴水线（即枝展外围）。因此在施肥时，应以枝展半径为基准，在滴水线内侧 2/3 及外侧 1/3 环形摊铺。撒施后充分浇灌，让肥料能够充分溶解并被土壤吸收。

如果土壤测定结果显示需要给乔木施用成分更全面的含磷钾肥料，则需要将撒施范围控制在滴水线以内。

种植点地势改造

在大型乔木周围改变土地地势是极其复杂的操作。一旦出错，可能会导致植株死亡。尽可能将改动范围控制在植株滴水线以外。不同树种有不同的生长需求，因此在挖掘机全面开工之前，最好先咨询树艺专家或景观工程师。

如果想在冬季气候寒冷的地区改低地势，首先要在植株滴水线外围或更远处建一面挡土墙。墙内地面高度应保持不变，从而形成一个抬高的乔木种植床。挖掘墙外土地至理想高度。

如果想要将植株滴水线内的地面抬高，则应视抬高高度来决定具体的操作流程。如果只是通过在根系区域覆土的方式来抬高地势，可能会导致植株根系憋闷致死。通常情况下，如果抬高高度在 10cm 以下，可以直接在原有土表上覆盖一层砂质多孔土，但不要将新添土压实，以确保树根可以呼吸。

若想将土表升高 10 ～ 30cm，则需在离树干 7.6cm 以外建一挡土墙，墙内地面高度应保持不变。

在墙外，先在原地表摊铺多孔填料（如砾石），厚度要比保护墙上沿矮 7.6cm 左右。然后在填料上覆盖一层新土或草皮。

若想显著升高园林地势，如将土表抬高 0.3 ～ 0.6m，则需要建立一个土下通风系统。首先，在树干周围建挡土墙，然后在墙内树干基部区域以辐射状安放若干通风排水管，排水管外端伸至滴水线。在水管上方依次覆盖一层碎石、一层砾石以及一层砂质土。

改变地势

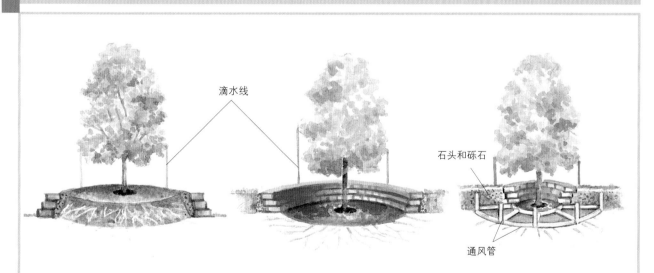

滴水线

石头和砾石

通风管

若想将乔木周围地势改低：不要在乔木滴水线以内挖土动工。树木根系往往会延伸到滴水线以外，因此要预留出足够多的空间，避免施工挖土伤到乔木根系。

若想抬高土表：不要在滴水线内填土，确保乔木根系可以自由呼吸。

如果一定要在滴水线内填土，且高度不止几厘米，那么为了防止植株死亡，可以在其周围搭建一个构造井以及一个设计精密的通风系统。通风系统中包含通风管道，上面覆盖透气性良好的碎石子和砾石。在动土改造之前，先咨询树艺专家或景观工程师。

修剪和整枝

选购苗木时，需要研究其构造、生长习性以及成树尺寸，最好挑选栽种后几年之内无须或仅需轻微修剪的乔木幼苗。如果想要修剪新栽苗木，应待栽种后的第二年再进行枝尖修剪或健康树枝剪除等操作。在栽植后第一年中，植株顶芽产生的激素以及树叶光合作用合成的营养物质可促进根系生长发育。

为控制植株树形，应对苗木随长随修。对于落叶乔木而言，修剪出匀称均衡的枝形可以让植株长得更加粗壮健康，外形也更加英姿勃发。但是，修剪工作一定要循序渐进。若想为一棵植株打造出完美的形态，往往需要几年的时间；如果一次剪除太多枝条，不仅会导致植株生长速度变慢，还会让其变得弱不禁风。对于松柏乔木及许多其他乔木而言，最贴近其自然生长习性的树形，往往才是最优美雅致的。

圆锥形和金字塔形的常绿和落叶乔木通常长有单一中心干（竖直主干），并从其侧面生出其他主枝。果树一般为开心形树冠，也称"枝条导向型"树冠。但对于观赏型乔木而言，大部分的修剪工作早在苗木还在苗圃的时候就已经完成了。开心形乔木的主干会分枝并长出多根主枝；有些落叶树种自然状态下即为这一枝形。也可以在乔木幼苗还在苗圃时将其中心领导干截掉以打造这样的枝形。

某些庭荫乔木及许多更小型的落叶观赏型乔木都为标准乔木外形。标准乔木的树干很长，且表面光秃无杂枝，顶端为枝叶茂密的圆球形树冠。为了促进其生枝，标准乔木的领导干部已经被剪除。此外，生长在较低部位的大枝也会逐年剪除，以确保枝条下方的区域空阔。在乔木生长的过程中，将易断裂、在树冠内部交错拥挤的以及没有按照理想树形生长的副主枝（从主枝分生出的、树杈为狭窄"V"形的枝条）剪除。此外，还应剪除所有的吸根、竖直生长在枝条上的徒长枝，以及坏死枝。用截顶的修剪方法为树冠外轮廓塑形。

某一地区原生的乡土树通常天生具备抵抗当地病虫害的特性。此外，特别培养出的具有抗病抗虫特性的新型栽培种也可以良好生长。但抗病虫能力再强的树木，都会随着衰老而出现枝条坏死或者被暴风雨损伤的情况。应及时将坏死枝和病枝剪除。

同一容器苗木，不同生长结果

下图为你展现同一盆栽苗木在三种不同的修剪策略下经过数年后的长势。

原始状态的容器苗木

粗壮的树干

方案1：未经修剪的乔木长出了很多侧枝，树干也十分粗壮，但却没有长高。在这一阶段，你可以在未来几年内逐渐剪除底部枝条，直到达到理想的裸干长度。

中等粗细的树干

方案2：栽植期时将底部枝条剪掉1/3。经过此种方式修剪后的苗木在高度和树干粗度上都为中等水平。在这一阶段，开始在未来几年中逐渐剪除底部枝条。

细小、羸弱的树干

方案3：栽植期内将苗木底端枝条全部剪除，导致苗木的生长集中在顶端，从而形成细长羸弱的树干。由此可以看出，前两种修建方案更有利于苗木生长。

修剪落叶乔木

对于许多落叶乔木而言，最佳修剪时机为晚冬或早春。此时的落叶乔木仍处于休眠期，树液还未输送至顶端枝条，新芽也未开始抽长。桦树和槭树在春季会分泌大量的树液，因此最好在其完全进入休眠期后再进行修剪，或等到夏末早秋时树液分泌减少后修剪。你也可以在夏季进行修剪，以抑制植株生长速度，并清除蘖芽和徒生枝。由于秋季树木伤口愈合速度较慢，因此除非暴雨后进行坏枝修剪，否则不要在秋季修剪树木。

同一棵树，不同结果

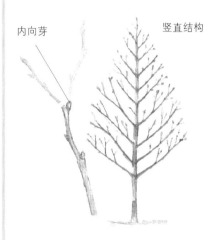

内向芽

竖直结构

伸展结构

外向芽

以上二图展现了同一落叶乔木经过不同修剪方式而形成的不同生长形态。总体来说，剪掉内向芽点上方枝条会形成内向生长且竖直的枝形（上方图）。而剪掉外向芽点上方的枝条则会形成更为扩展的枝形。

促进侧向枝展

第二年　　第三年　　第四年

若想让乔木长出一根强壮的中心干以及更茂密的侧向枝展，应在栽种后第二年将其中心干剪断。在接下来的几年中，剪除所有主枝上的领导枝，以打造理想的塑形效果。

打造开心形乔木

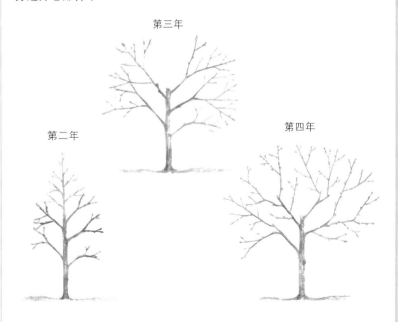

第三年

第二年

第四年

打造开心形乔木：短截中心干，促进侧枝生长，以实现开心形树冠。

已扎根乔木的修剪和养护

修剪得当的切口：左图中修剪后的关山樱枝条切口愈合良好。上图中是修剪关山樱的另一树枝留下的切口，可以看到该切口已经几乎完全愈合。

修剪不当会导致图中所示的结果。左上图：大力剪剪枝失慎，遗留边缘一小块凸出的木头没有剪净，导致此处恢复速度比边缘其他部位慢。右上图：自上而下的一刀切操作将树皮大块扯下，使树木更易受到病虫害威胁。

左图中相互摩擦的大枝最终会导致一根或两根大枝的树皮磨损，将里层木材暴露在外，从而增加病虫害风险。这种情况下，应将较细弱的大枝或内向生长的大枝剪除。

徒生枝

嫁接疤痕

松散的扣结让树干有空间摇摆

树干嫩枝

垂枝乔木
为顶端嫁接枝条的垂枝乔木修剪徒生枝。自然生长或未嫁接的垂枝乔木枝条无须修剪，植株会随着生长时间而自然达到理想的垂坠效果。修剪掉死枝以及斜向一边的树枝，将树干上生出的细软新枝摩擦掉，将其他新枝和吸根也剪掉。

吸根

枝芽伸展
上图：你可以用剪下来的枝条作为新枝芽伸展支撑。将树杈撑在一端，另一端钉入镀锌木钉（如图）并用钢丝钳将钉帽部分剪掉。右图：果树种植者经常会把果树的嫩芽树杈角度设定在45°以上，以促进枝领部位强壮发育并确保枝条长大之后依然保持在便于摘果的高度。

右图中纸皮桦黑色的枝皮脊说明了一个问题：紧贴树干的竖向枝杈要比夹角大于45°的枝杈更脆弱。图中可见，纸皮桦树干和树枝的树皮长到一起，形成了一道深深的枝皮脊。当树干与树枝夹角大于45°时，形成的枝皮脊相对较浅。当枝皮脊较深时，树枝与树干的接合处较为脆弱。如需正确修剪此处，要进行三次切剪（如图）。第三次切剪应从枝皮脊外侧顶部进行切剪，大致角度如图中虚线所示。

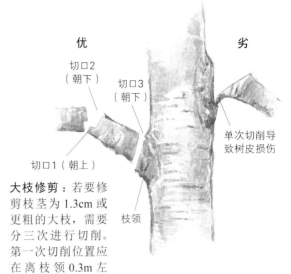

大枝修剪：若要修剪枝茎为1.3cm或更粗的大枝，需要分三次进行切削。第一次切削位置应在离枝领0.3m左右的位置。如果操作失误，一刀将其削掉，那么树枝会在切削的过程中掉落，并将树皮一起扯下，从而导致切口愈合缓慢，并将里层木材暴露在外，可能会引发病虫害。

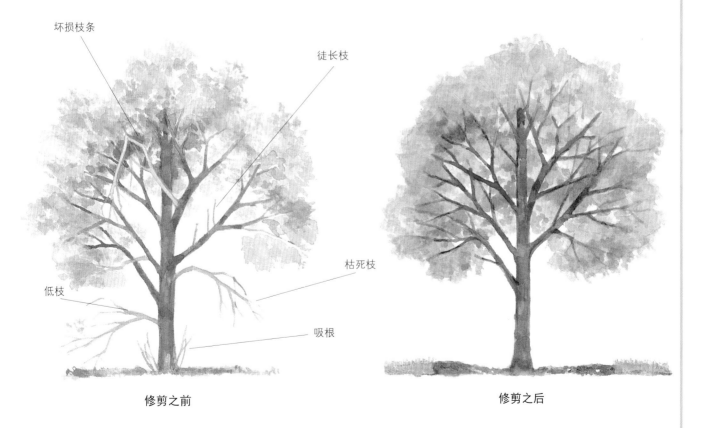

修剪之前　　　　　　　　　　修剪之后

完美的修剪：上面的修剪前后对比图展示了如何修剪已扎根落叶乔木以促进其生长得更为美观健康。每次修剪时，都要剪除坏死枝、病枝或交错枝。此外，也要剪除徒长枝和吸根。

打造特殊效果

修剪不仅是苗木日常养护的一部分，也能实现一些既美观又实用的效果。

枝条编结：让挨近种植的两棵树的树枝交织在一起，可以形成一道由裸干支撑起的高树篱。将顶端枝条交织缠绕可以形成拱门和隧道。此种整枝方法能够打造美丽的效果，但同时也耗时费工，并且需要投入很长时间进行维护。

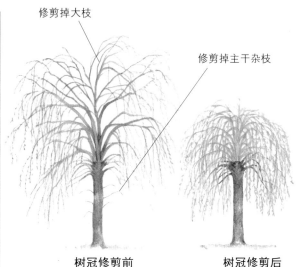

修剪掉大枝

修剪掉主干杂枝

树冠修剪前　　　　　树冠修剪后

树冠修剪：在欧洲园林中，随处可见经过树冠修剪的乔木。每一年左右对植株进行一次重短截，通常都会将枝条剪到主干位置。这种修剪方法可以让树木生长的同时维持一种人工打造出来的密枝形态或树篱形态。此方法通常用于柳树、水青冈和椴树的整形。

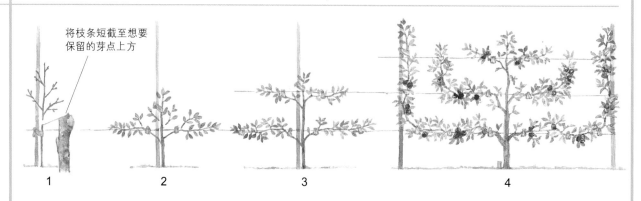

将枝条短截至想要保留的芽点上方

1　　　　2　　　　3　　　　4

篱架式整枝（打造树墙）：经过篱架式整枝的乔灌木枝条会在竖直平面上横向生长，形成趣味十足且具有对称美感的枝形。树墙可以节省空间、装饰墙壁和围栏，并且让小花园有更多空间种植其他植物。此修剪方式尤其适合果树。树墙果树结果更大，采摘也更加方便。以下是通过篱架式整枝打造树墙的具体步骤：

1 在木桩加固的树苗稳固扎根之后，先在树苗左右各固定一根木桩作为树墙桩，木桩距离依个人理想树墙长度而定。然后在两根木桩之间拉一根绷紧的镀锌铁丝，并使其与固苗木桩相交。铁丝应位于选定需要横向伸展的枝条芽点上方几厘米。

2 只保留三根生长最好的嫩枝，将其余所有枝条都剪掉。将横向的两根树枝绑在铁丝上，纵向生长的一根树枝则绑在加固木桩上。绑绳应选择可生物降解且不会造成树枝磨痕、勒痕的材料。

3 待纵生树枝达到理想高度后，在两端树墙柱之间拉第二根铁丝。再选择三根生长最好的顶部嫩枝，重复步骤2，将其捆绑在铁丝和木桩上。同时，继续修剪维护第一层的树枝，使其横向伸展。将所有多余的树枝剪除。

4 几年之后，苗木树干会长得足够粗壮并可以自主支撑。届时，将加固木桩撤除，继续进行修剪和整枝。

松柏乔木修剪

　　尽量选择成树外形和尺寸适合自己庭院的松柏乔木进行种植。矮种松柏树尤其适合小型庭院造景。虽然松柏乔木几乎无须修剪即可长成自然的外形，但还是要在选购时谨慎挑选品种，这样就不用在之后生长过程中一直关注其长势如何。本书中介绍的松柏乔木除落叶松为秋季落叶乔木之外，其他均为针叶常绿乔木。

　　松柏乔木成树外形大致分为两种：随机分枝型和轮生枝型。随机分枝型指的是枝条随机生长在乔木各个部位；而轮生枝型则指树干同一芽点呈放射状等距生长出多根枝条（见左下图）。

　　大多数松柏乔木无须过多修剪，只需要剪除坏死枝，或剪去灼伤叶片（通常发生在生长期之前）即可。一般来说，若想控制植株生长或改善其形态，应在新生开始后立即进行修剪。有些松柏植物会长出很多不美观且密集交错的枝条，应及时剪除。另外，修剪也能防止松柏树因积结冰雪而受损伤。下面左图展示了修剪竞争领导枝以及理想领导枝整形的操作方法。

领导枝整形

将所有不想要的竞争枝剪除。

若挑选的领导枝遭到损坏，则再选一根合适的枝条，并将其固定在夹板上。

　　松柏树的顶端领导枝的生长力比其他树枝强，因此能长成以树干为中心轴的标志外形。如果想要让自家松柏长成这一具有标志性的尖顶树形，则要修剪掉竞争枝，并且在中心领导枝遭到损坏时，用其他枝条替代，并将其固定于夹板上获得支撑（如图示）。

两种松柏树

分枝形态：松柏属植物有两种分枝形态：随机分枝（左）和轮生分枝（右）。大多数随机分枝的松柏树可以通过修剪来维持尺寸，塑形为树篱或园艺树雕。轮生分枝的松柏树总共有三种，其中松树修剪后新生效果不理想，但是可以通过掐掉"蜡烛"芽（即尚未形成松针的嫩芽）来抑制生长。其余两种轮生分枝松柏植物为云杉和冷杉，它们也可以通过掐芽的方式来控制生长。但是云杉和冷杉一般枝繁叶茂，可以经受一些轻度修剪。修剪时主要剪掉那些一段时间内不会被人注意到的新生枝条。

随机分枝的松柏植物（修剪掉的竞争枝空隙会被生长出的侧枝补上）
◇ 崖柏
◇ 雪松
◇ 柏木
◇ 铁杉
◇ 刺柏
◇ 红豆杉

轮生枝松柏树（剪除的竞争枝没有被其他枝条补空）
◇ 松
◇ 冷杉
◇ 云杉

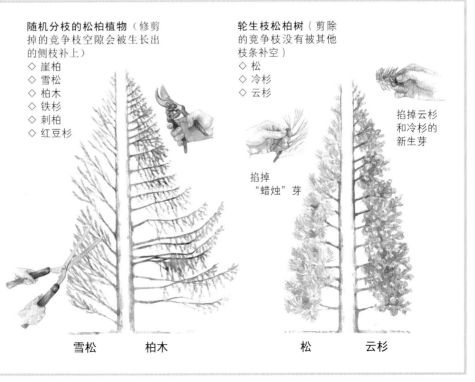

掐掉云杉和冷杉的新生芽

掐掉"蜡烛"芽

雪松　　柏木　　　　松　　云杉

冷杉

冷杉属乔木为常绿乔木，分布于温带或寒带的高海拔地区。冷杉与云杉都有着圣诞树一般的金字塔树冠，但相比之下，冷杉的轮廓外形要更为柔和雅致。冷杉叶为针状扁平，长约 5～7.6cm，叶下有两条白色气孔带，可留存枝头长达 4～6 年。针叶碾碎后有柠檬香气。其球果幼年时为淡绿色，长约 7.6～15cm，成果则长有紫红色外壳。

在所有适合居家园景的冷杉属乔木中，白冷杉以其长寿的特点和挺阔的外形而受人欢迎。白冷杉原生于落基山脉，但现已能适应东部地区气候，同时也适应了都市生长环境，以及高温和干燥。白冷杉墨绿的针叶可以为夏季的园林打造俊秀美丽的背景，更能让秋冬时节肃杀的庭院变得绿意盎然。

白冷杉在人工栽培下可以长至 9～15m 高，枝展可达 4.6～6m。野生白冷杉最高可长至 30m。市面上可以找到非常优质的白冷杉栽培种。

另一种适合在北美东部地区生长的冷杉为香气怡人的香脂冷杉。香脂冷杉原生地带从加拿大纽芬

白冷杉

植物档案
白冷杉/科罗拉多冷杉

学名： Abiesconcolor "Candicans"。
科： 松柏科。
植株类型： 高大常绿松柏树。
用途： 草坪树或园林树；冬季装饰树。
高度： 人工栽培下9～15m；野生环境下30m。
生长速度： 慢速到中速生长。
习性及形态特征： 金字塔形。
花朵： 不显眼。
果实： 紫色和绿色球果，长约7.6～15cm。
叶： 5～7.6cm银蓝绿色针叶，叶底有两条气孔带。
土壤条件及酸碱度： 肥沃、排水力良好的深层砂壤土；微酸性。
光照及水分： 全日照；喜持续湿润但可以耐旱。

白冷杉

银冷杉
新叶和旧叶

弗雷泽冷杉

兰与拉布拉多省的拉布拉多地区到美国西弗吉尼亚
州和明尼苏达州。南香脂冷杉，又称弗雷泽冷杉，主
要种植于比较温暖的东南地区。弗雷泽冷杉原生地
带为西弗吉尼亚州、北卡罗莱纳州和田纳西州的高
原地区。

　　栽培：冷杉树以幼年容器苗移栽或土球包根土
栽生长最好。适合深植于肥沃湿润但排水力良好的
砂质土壤中。土壤以 pH5.0 ～ 6.0 的微酸性为宜。冷
杉在每天 6 ～ 8 小时的全日照下长势最好，但在全
天斑驳日照下也能够生长。

白冷杉

香脂冷杉

白冷杉

槭树

槭树是北美地区最受欢迎的庭荫树，它既能增添明媚的秋色，又能带来香甜可口的枫糖浆。糖槭更被认为是加拿大的国树。除了热带以外，在其他每种气候下都至少可以找到一种适合栽培的枫树品种。一些较高大、生长较缓慢的枫树可以制成质地坚硬且抗裂抗劈的优质木材。枫树十分长寿，且常生有粗壮坚韧的横枝，可以悬挂秋千和吊床。

种植最广泛的槭树是色彩明丽的红花槭，又名沼泽枫。其树冠呈圆头状，人工栽培下可以长至 12 ～ 18m 高。早春时节，石榴红的花朵在枝头稠密簇生；随后，红色嫩叶抽芽而出，再舒展为亮绿色的树叶。随着初秋的到来，绿油油的树叶也变了颜色：黄的耀眼，橙的热情，红的鲜艳。这些色彩夺目的秋叶会在枝头停驻几周。

有些栽培种经配种后会对某一区域的气候更耐受，因此可因地制宜选择栽培品种。"十月光辉"适合生长在温暖区域；而"夕阳红"却可以更耐严寒。

红花槭

高大挺拔的糖槭不仅为新英格兰州和加拿大南部带来了漫山遍野的红艳，树液还能熬制枫糖浆。人工栽培的糖槭可达 18 ～ 23m 高，野生环境下更可长至 30 ～ 36m，且随着树龄的增长而愈发美丽挺拔。糖槭最适合种植在大型物业内或开阔的林地中。

秋季的糖槭

银白槭有时会被误认为是糖槭。银白槭会在湿润的土壤中快速长到很高，成为极为优质的成树。但也正因其旺盛的生长力，银白槭经常作为行道树种于道路两旁。受限于这样的生长环境，银白槭的木材质地脆弱，枝干极易折断，往往无法真正施展自身的生长潜力。

另外一种适合大型造景的枫树是挪威槭，成树 12 ～ 27m 高。挪威槭树叶繁茂，叶片通常呈光泽的绿色。"红帝"挪威槭是挪威槭的一个变种，其树叶底面呈苔藓绿，上表面及茎部则为接近黑色的深栗色。"红帝"挪威槭威武英挺，即使远观也能感受其帝王般的豪迈气势。还有一些美丽的槭树适合小型造景，点缀迷人秋色。

原生中国的血皮槭生长在温暖地区时，树叶在秋季呈青铜、赤褐或红色；在寒冷地区则为猩红色。血皮槭的树皮十分珍贵，肉桂色与森林绿斑驳相间，尽显优雅之美。野生藤枫主要生长于太平洋西北地

红花槭雌花

原生中国的血皮槭　　　挪威槭　翅果

植物档案
红花槭

学名：*Acer rubrum*。
科：槭树科。
植物类型：落叶大乔木。
用途：庭荫树；草坪及公园造景；春秋景色美化。
高度：12～18m（人工栽培）。
生长速度：中到快速。
树冠形态：圆头状。
开花期：早春。
花：盛开的红色花簇；雌花艳红。
果实：红褐色翅果。
叶：新叶呈红色，后变为绿色。
土壤及酸碱性：排水能力良好、微酸性。
光照及水分：充分光照，长期湿润。
修剪时期：休眠期。

春季的鸡爪槭"魅力"和"火光火焰"栽培种

红花槭

区的常绿海岸林。与从欧洲及西亚地区进口而来的鞑靼槭一样，它们都是海岸花园造景的上乘之选，从加拿大最西部的不列颠哥伦比亚省一路到美国北加利福尼亚州，都能看到这些枫树的倩影。还有一些其他雅致的枫树品种可用于家庭庭院造景，比如茶条槭、中国特有的青榨槭。

栽培：槭树虽易移栽，但最好选择盆栽幼树或土球包根的树苗，并于春季进行操作。槭树需要栽于湿润但排水能力好的微酸性土壤中，辅以充足的日光照射，才会枝繁叶茂地生长。

七叶树

春季盛放的"普罗提"
红花七叶树

夏季盛放的小花七叶树

原生于北美洲的七叶树属乔木称为"鹿瞳",而广受欢迎的、欧洲和亚洲原生种七叶树则称为"马栗"。但马栗并不是真的栗属植物。马栗由欧洲殖民者带入北美大陆,当时主要用途为春季赏花和提供浓密树荫。马栗果实油亮且呈黄褐色,形似可食用的栗子,但实则有剧毒,即使野生动物也避之不及。现代栽培种中最吸人眼球的品种为"普罗提"红花七叶树,其身姿挺拔,高达 9 ~ 15m,树冠呈金字塔形,春季中期会开出 20 ~ 25cm 的硕大玫红或鲑红的顶生圆锥形花序竖于叶簇中。其叶大而形美,外形似手掌,在十月会变成浓厚的墨绿色。虽然"普罗提"七叶树可以作为居家庭院中的优质庭荫树,但其实大多数情况下,人们都将它种植于道路两旁和宽阔的公共区域。

虽然原生北美洲的"鹿瞳"七叶树的花不似"普罗提"一般惊艳,但其在原生地区依旧是广受欢迎的庭荫树和观赏树。别名为"鹿瞳树之州"的俄亥俄州将体型稍小、花开淡金色的光叶七叶树(又名俄亥俄鹿瞳树)定为了该州州花。小花七叶树是夏季开花最为赏心悦目的灌木之一。小花七叶树的原生范围覆盖美国南加州、阿拉巴马州和弗罗里达州。其成树高 2.4 ~ 3.7m,七月开白花。加州七叶树为小型乔木或大型灌木,广泛种植于美国西岸。

栽培：在早春时节将马栗的容器苗或土球包根苗移栽到湿润但排水力良好的土壤中。土壤以 pH6.5 或以下的酸性为宜。树苗在全日照或浅阴的环境下都可良好生长。

马栗

植物档案
光叶七叶树(俄亥俄鹿瞳树)

学名：Aesculus glabra。**科**：七叶树科。**植株类型**：落叶乔木。**用途**：庭荫树、草坪公园孤植树；打造自然野态。**高度**：6~12m。**生长速度**：中速。**生长习性及形态特征**：圆球形到宽阔圆球形。**花期**：五月初到五月中。**花朵**：10~18cm长的黄绿色圆锥形花序。**果实**：2.5~5cm长的浅棕色蒴果。**叶**：亮绿变为墨绿。**土壤条件及酸碱度**：排水力良好；微酸。**光照及水分**：全日照或浅阴；持续湿润。**修剪季节**：早春。

光叶七叶树(俄亥俄鹿瞳树)

桦木

秋季的纸桦　　　　　　　　　　　　　　"白塔"白桦

桦木属乔木身形高瘦，以其美丽的树皮闻名遐迩。其树冠雅致，叶小而尖，秋季呈黄色或黄绿色。微风拂过时，满树枝叶便会沙沙作响。桦木遍布于北半球，生长在临河或湖的湿润寒冷地区。人工栽培的桦木很快便会扎根，且会迅速生长。桦木寿命相对较短，在温带地区易受到桦木潜叶虫和桦铜窄吉丁虫的侵害，因此更为脆弱。

在所有桦木中，纸桦的树皮最为美丽。纸桦又名独木舟桦。纸桦的树皮白似石灰，带有深灰或黑色条纹，可以大片切割或剥落。美国原住民曾用其树皮包裹独木舟或居住的窝棚。其树液可以用来熬制糖浆。秋季到来时，北方森林中的桦木叶则会带来大片大片耀眼的金黄。纸皮桦可长成单干树，或者经过整枝而长成多干丛生的树形。在美国中西部地区偏北地区，纸桦比广受欢迎的多干欧洲垂枝桦更好养，因为后者需要喷淋系统进行浇灌才能存活。

河桦"遗产"是北美原生河桦栽培种，生长力十分旺盛。"遗产"具有非常优秀的抗病虫害特性。即使在夏秋干旱、一年四季只有少数时间湿润的土壤环境下，其也可以存活生长。"遗产"成树为金字塔形，高达 9 ～ 12m，且可通过修剪实现多干生长。在所有适应温暖环境生长的桦木中，该品种的树皮是最接近白色的。"遗产"河桦的树皮薄如纸张，色泽粉黄，剥落后会露出肉粉、灰色、肉桂或红棕色的里层。

苗条纤细的"白塔"白桦为单干生栽培种，具有良好的抗吉丁虫特性。

栽培： 桦木在早春或秋季易于移栽。土壤应湿润且富含腐殖质，酸碱度应低于 pH6.5。桦木在全日照或浅阴环境下均可生长。旱季浇灌及早春充分施肥可防止桦木潜叶虫侵蚀树叶。

河桦柔荑花序

河桦"遗产"

植物档案
河桦

学名： Betula nigra "Heritage"。**科：** 桦木科。**植株类型：** 拥有美丽树皮的落叶乔木。**用途：** 湿润地区为草坪公园孤植树；也可提供冬日亮点。**高度：** 9～12m。**生长速度：** 中速到快速。**生长习性及形态特征：** 幼树金字塔形；成树为圆润的椭圆形。**花期：** 春季。**花朵：** 5～7.6cm长，不显眼。**果实：** 坚果。**叶：** 3.8～8.9cm长；2～6cm宽；尖形且带锯齿。**土壤条件及酸碱度：** 肥沃的酸性土（pH6.5 或更低）。**光照及水分：** 全日照；持续湿润。

北美翠柏

北美翠柏是翠柏属三种乔木中唯一的北美原生种。人们常会将其错认为外形美丽的北美香柏。北美翠柏有着气宇轩昂的挺阔枝干和对称美观的针叶树冠。北美翠柏生长速度为中速或缓慢，寿命长达一千年。美国西北部野生的成树可高达 39.6m，并会发育为枝展宽阔的宽大圆锥形树形。人工栽培的北美翠柏体型则较为娇小，高度约为 9 ~ 12m，枝展为 2.4 ~ 3m。北美翠柏可以群植以作为高屏障，但孤植于大型规则式花园的空阔地带最能体现其大气美感。北美翠柏外形优雅，光泽墨绿的鳞叶辛香四溢。早春时节，树上着生娇小可爱的圆柱形球果，球果成熟时呈红褐色或黄褐色，一直到来年春天才会从枝头掉落。其鳞状树皮随生长变为肉桂红色。人工栽培种金斑北美翠柏则全身洒有不规则分布的耀眼金辉。

相比于北美香柏，美国南部人更喜欢种植北美翠柏，因为该树更为耐热，即使种在佐治亚州都没

北美翠柏幼树

有问题，而且在冬季时，北美翠柏还依然能维持其美丽的颜色。

栽培：幼树宜于春季或初秋移栽。最适宜在湿润但排水力良好、且 pH 值为 6.0 ~ 7.0 的砂质土壤中栽培，但可以适应很多其他不同的土壤。北美翠柏耐盐雾（非道路用盐），在全日照或浅阴环境下长势良好。但该树对干旱、潮湿、空气干燥和大风环境较不耐受。

北美翠柏

北美翠柏

北美翠柏

植物档案
北美翠柏

学名：*Calocedrus decurrens*。**科**：柏科。**植株类型**：中等尺寸常绿松柏。**用途**：规则式园林造景；冬色点缀。**高度**：人工栽培下 9~15m；野生环境下为39.6m或更高。**生长速度**：慢速到中速。**生长习性及形态特征**：圆柱形；普通树形。**花朵**：不显眼。**果实**：挺立球果，长约10~13cm，宽5~13cm；黄色或红棕色。**叶**：鳞叶；富有光泽的墨绿色。**土壤条件及酸碱度**：排水力良好；肥沃；酸碱适应性强。**光照及水分**：全日照到浅阴；持续湿润。

鹅耳枥

秋季的美洲鹅耳枥　　　夏季时，美洲鹅耳枥
结出成簇的果实

庭院造景中最常见的两种鹅耳枥都有十分坚硬的木质，且一年四季都有优雅美丽的外观。鹅耳枥生长速度缓慢，能够很好地适应城市环境。鹅耳枥和桦木以及水青冈有亲缘关系，树形和叶片也与二者相似。

欧洲鹅耳枥在幼年时的树冠呈金字塔形，在生长过程中，会抽出许多细枝，逐渐形成椭圆形或圆形的树冠，树干呈银白色。欧洲鹅耳枥成树可 12 ～ 18m，可重复修剪塑形以打造高树篱或编枝树廊（走道两旁各种一排树，树枝经过整枝后交织缠绕在一起）。

欧洲鹅耳枥的叶片同桦木一样纤巧娇柔，但更小、更雅致。其果实为坚果状单翅果，表面肋状突起。夏秋时节，果实簇生，从枝头垂下，颇具观赏价值。欧洲鹅耳枥的果实与槭树的翅果类似，也会数十个连成一串。秋季时，树叶变成黄色或黄绿色。"蕨叶"欧洲鹅耳枥是北美常见的一种外观靓丽的人工栽培变种，其叶如蕾丝般柔美。另一栽培种"深裂叶"欧洲鹅耳枥的叶片质地则更为粗糙。"尖叶"欧洲鹅耳枥是一种抗热抗旱的栽培种，其树冠呈金字塔形，可长至 11m 高，是很受欢迎的行道树品种。

北美原生的美洲鹅耳枥，又名"肌肉木"或"铁木"。美洲鹅耳枥为小型林下乔木，成树高约 51 ～

76 厘米。由于其木材纹理细密，质地坚韧不易分裂，因此被早期移民者用来制造碗和锤柄。虽然大多数人还是选择栽培欧洲鹅耳枥，但是北美原生的美洲鹅耳枥因其明朗耀眼的橙红色秋叶，依然广受人们喜爱。由于美洲鹅耳枥通常都是由种子四散播撒生长，很难预判每棵树的秋叶颜色，所以应该在秋季购买。

栽培：鹅耳枥较难移栽。将容器幼苗或土球包根苗木栽种于湿润但排水力良好的微酸性土壤中。鹅耳枥喜全日照，但可以耐受荫蔽环境。

"尖叶"欧洲鹅耳枥

植物档案
欧洲鹅耳枥

学名：Carpinus betulus。**科**：桦木科。**植株类型**：耐塑形、修剪的落叶庭荫乔木。**用途**：都市园林造景、孤植树、盆栽、树篱以及树枝编枝小路。**高度**：通常为12～18m；有时可以长至21～24m。**生长速度**：慢速到中速。**生长习性及形态特征**：幼树金字塔形；成树椭圆到圆形。**花期**：四月。**花朵**：雌雄柔荑花序；不显眼。**果实**：0.6cm长的肋状坚果；单翅果。**叶**：狭长；缘带锯齿，形状为尖椭圆形；6～13cm长；夏季为墨绿色，秋季为黄色到黄绿色。**土壤条件及酸碱度**：喜排水力良好的土壤，但也可以耐受很多其他土壤环境。**光照及水分**：最喜全日照，可耐受斑驳日照，应保持根部湿润。**修剪季节**：八月或落叶之后。

欧洲鹅耳枥

山核桃

开花的美国山核桃

结出坚果的美国山核桃

山核桃属植物为形大而美的乔木，原生于美国东部地区、加拿大，南至墨西哥。山核桃属乔木因其薄片状的粗糙树皮和产量丰富的果实而被广泛种植。由于山核桃生有长长的直根，因此一旦扎根就很难再进行移栽。粗皮山核桃是山核桃属乔木中最受欢迎的观赏型乔木，其结果量仅次于同属最大型的美国山核桃。

粗皮山核桃外形高大，古色古香，人工栽培成树可高达18～21m；而野生于美国中东部地区更是能长至30～36m高。树如其名，粗皮山核桃的树皮与树干贴合松散，且向外卷曲，呈现出粗糙毛绒的外观。其叶夏季呈深黄绿色，秋季则变为明黄色或金黄色。粗皮山核桃体型过大，且长势杂乱，

粗皮山核桃（Carya ovata）

往往不适合种在中等大小的庭院之中，而适合将其孤植于大型园地中，或将其种在郊外的树林中以自然状态生长。

虽然山核桃为雌雄同株的自体授粉乔木，但将两棵山核桃树挨近种植依旧会促其结出更多、更大的果实。可将美国山核桃果实碾碎浸泡，以萃取用于制作甜蛋糕的调味油。山核桃木材坚硬，燃烧缓慢，可用于制作木车轮，斧柄和木炭。直到今天，人们都还在使用山核桃木来熏烤火腿培根，以及为室外烧烤生火。树冠呈花瓶形状的苦味山核桃枝型优雅，被广泛种植于美国中西部地区作为庭荫树。苦味山核桃的果仁不可食用。

栽培：为避免移栽过程太困难，应购买容器苗或者土球苗并在早春进行栽种。土壤环境以肥沃且排水力良好为宜。山核桃生长需全日照，可以适应包括黏土在内的各种土壤。

植物档案
粗皮山核桃

学名：Carya ovata。**科**：胡桃科。**植株类型**：大型落叶庭荫乔木，结坚果乔木。**用途**：庭荫树、产坚果、树皮为冬日亮点。**高度**：人工栽培下18～21m；野生环境下36m。**生长速度**：中速到慢速。**生长习性及形态特征**：笔直树干，矩形树冠。**花期**：五月初，花叶同生。**花朵**：雄花为三叉柔荑花序；雌花为尾状花序。**果实**：可食用硬壳坚果，带四瓣外壳。**叶**：10～15cm的尖形带锯齿小叶。**土壤条件及酸碱度**：肥沃、排水力良好的深层土；酸碱度适应范围广。**光照及水分**：全日照；持续湿润。

粗皮山核桃

粗皮山核桃

雪松

雪松属植物同大多数松柏植物一样均为常绿植物。雪松幼树优雅，成树雄美，树形大而俊秀，且十分长寿。只要生长空间充足，雪松的惊人之美几乎无可匹敌。其叶为簇生针叶，球果大，具有观赏性。

"灰蓝"北非雪松

喜马拉雅山雪松

亚洲雪松中当数外形雅致的黎巴嫩雪松木质最为坚硬。这种原生于小亚细亚地区和土耳其的美丽乔木在幼年时树冠为金字塔形，叶墨绿，并能很快长至 12～18m 高。成年黎巴嫩雪松高达 36m，树冠变为美丽迷人的平顶形，树干十分粗壮。黎巴嫩雪松成树横枝挺阔，向四周伸展开来，给人以气势恢宏、大气伟岸之感。

长有蓝绿针叶的北非雪松原生于北非，是黎巴嫩雪松的近亲。据说北非雪松比黎巴嫩雪松更能耐受城市污染。北非雪松叶呈浅绿到银蓝色。其栽培种"灰蓝"北非雪松长有蓝色针叶，树冠为金字塔形，整体呈现出夺目的钢青色。另一栽培种垂枝北非雪松也有着令人过目不忘的外形。其细密的小枝垂坠而下，仿佛一泻千里的瀑布。

夺人眼球的垂拱树冠和垂坠有致的枝条是喜马拉雅山雪松的标志特征。喜马拉雅山雪松是同属乔木中外形最为优雅壮美、体型也最高大的树种。经过数十年的生长，喜马拉雅山雪松成树可高达 60m，枝展达 45m。其叶小而精美，呈浅绿、灰绿或银色。其蓝绿色的球果外形精致，仿佛专门为装点圣诞树而生。

栽培： 雪松较难移栽，需在早春将容器苗或土球苗木移栽到排水力良好且微酸性深土中。要为移栽后的苗木提供防风保护。黎巴嫩雪松需种于空阔地点。雪松不耐根部多水、不耐阴，也不耐污染。

植物档案
北非雪松

学名： *Cedrus libani* subsp. *atlantica* "Glauca"。**科：** 松科。**植株类型：** 蓝色针叶常绿松柏。**用途：** 草坪公园孤植树。**高度：** 12～18m。**生长速度：** 幼树生长速度快，之后慢速。**生长习性及形态特征：** 先为金字塔形，之后为垂枝和平顶形。**花朵：** 5～7.6cm长的挺立雄性花朵。**果实：** 7.6cm长的白绿色球果，第二年成熟后为棕色。**叶：** 亮蓝色到银蓝色。**土壤条件及酸碱度：** 排水力良好；弱酸性。**光照及水分：** 全日照；耐寒。

北非雪松

加拿大紫荆

白花加拿大紫荆

紫荆属多为中型乔木，既有北美原生树种，也有外来种。早春时，紫荆会率先为美国各地带来一抹亮丽色彩。在美国东部森林中，迷人的加拿大紫荆用鲜艳的紫红或洋红色花苞装点着光秃秃的茎和老枝。花苞继而开出紫粉红色花朵。

加拿大紫荆鲜艳的花朵与花期相近的山茱萸的乳白色苞片形成鲜明对比。紫荆通常先开花，之后才长出紫红色的心形嫩叶。叶片成熟后变为墨绿色。夏季时分，其叶为酸橙绿，光泽感十足，秋季则变成黄色或金黄色。

加拿大紫荆的果实为扁平状干果，果荚似豌豆荚，随叶片掉落而相继脱落。加拿大紫荆通常只

多干丛生的紫荆

有 6～9m 高，树形纤细，树皮色深，适合种在灌木花境后凸显迷人风韵。

加拿大紫荆最受欢迎的栽培种为长有紫色叶片的"森林三色堇"加拿大紫荆。"火焰"加拿大紫荆开重瓣花。"白云"加拿大紫荆白绿相间的树叶在初夏时呈现大片的银白色，到了秋天又褪成浅绿。美丽的"皇室纯白"加拿大紫荆是白花加拿大紫荆的栽培种。"维瑟的粉红魔法"花朵呈透粉色。加拿大紫荆在包括太平洋沿岸地区在内的大多数地区都能成功存活，但是不适宜在夏季凉爽的地区生长。别名为"犹大树"的南欧紫荆与加拿大紫荆类似。犹大树原生于欧洲和亚洲，从古代起就有人工栽培。

外观亮眼的紫荆多干丛生，高度可达 3～4.5m。

栽培：春季时，在紫荆容器苗尚处于休眠期时，将其移栽至湿润、排水力良好的深耕土壤中。紫荆苗木在全日照或半日照环境下长势最好。

植物档案
加拿大紫荆

学名：Cercis canadensis "Forest Pansy"。
科：豆科。
植株类型：小型落叶或观花乔木。
用途：春季中期花开绚烂；灌木花境；自然野态景观。
高度：6～9m。
生长速度：中速。
生长习性及形态特征：树干纤细，枝型低垂贴地。
花期：春季中期。
花朵：紫粉色花芽；开后为玫粉色。
果实：5～7.6cm的荚果。
叶：新叶紫红色，夏季为绿色，秋季为金黄。
土壤条件及酸碱度：排水力良好；酸碱耐受力好。
光照及水分：全日照或半阴；持续湿润。

加拿大紫荆

扁柏

黄扁柏

金线日本花柏

日本花柏

扁柏属植物均为大型常绿松柏植物，野生环境下高度可超30m，但在家庭园景中只能长到15m左右。日本扁柏原生于日本和中国台湾地区，于19世纪60年代引进北美洲。日本扁柏鳞叶扁平有光泽，枝条尖端向下半卷曲，趣味十足，也为整体形态增添了一丝松柏植物中不易寻得的柔美之感。日本扁柏茂盛而有光泽的墨绿叶片、俊美异常的金字塔树形，以及细长条剥落的红棕色树皮，都体现了它宝贵的价值。

日本扁柏的黄叶变种在落叶乔木和高大深绿的常绿植物的背景衬托下，显得格外美丽动人。其中外形最为姣好的是金黄色的塔形日本扁柏。塔形日本扁柏枝叶茂密，树冠为金字塔形，叶尖为明艳的金黄色。

该品种为矮种栽培种，生长速度缓慢，长至2.4～3m可能需要10～20年，但最终会达到9m高。扁柏的另外一个黄叶变种为"金线"日本花柏，成树可达5.4～6m，该变种比日本扁柏耐寒。身形纤细的线叶栽培种"林荫大道"日本花柏是外形最为抢眼的栽培种之一，该品种冬季叶呈灰蓝色，但到了夏天就变成银闪闪的鲜绿。

垂枝黄扁柏是最引人驻足观赏的扁柏品种，也是为数不多的北美原生扁柏。其错落有致的低垂枝条造就了它优雅非凡的婀娜身姿。人工栽培的黄扁柏最高可达9～13.5m。扁柏还有一些灌木型变种，如高度约为0.6～0.9m的矮黄日本扁柏，一年四季都能维持亮眼的柠黄。此外还有1.2～1.8m高的矮绿日本扁柏，其叶片呈墨绿色，光泽感十足。

栽培：扁柏容器苗易于早春及早秋移栽至湿润但排水力良好的砂质土中。扁柏在阳光充足且潮湿的地区最易成活。

植物档案
塔形日本扁柏

学名：Chamaecyparis obtusa "Crippsii"。
科：柏科。
植株类型：矮型常绿松柏。
用途：金色主景植物。
高度：2.4～3m，成树可能达到9m。
生长速度：中速。
生长习性及形态特征：枝展宽阔的金字塔形树冠，枝条垂坠。
花期：春季。
花朵：不显眼。
果实：不显眼的球果，0.8～1.5cm长；初为蓝色，后变为红棕色。
叶：鳞叶，墨绿色，贴枝而生，尖为金黄色。
土壤条件及酸碱度：排水力良好的壤质土；弱酸性。
光照及水分：全日照；持续湿润。
修剪季节：几乎无须修剪。

塔形日本扁柏

流苏树

原生中国的流苏树

流苏树属植物共有两种，一种原生于北美，另一种原生于中国。这两种流苏树均为理想的中型景观树，一年四季都能为园林带来美丽景致。初春时节，流苏树会全树盛开柔软洁白的花朵。流苏属拉丁学名为Chionanthus，源自希腊语"chion"（"白雪"）和"anthos"（"花朵"），可谓形象地描述出了其开花时的优美图景。流苏树秋叶色泽鲜明，也极具观赏性。到了冬季时分，其灰色的树皮条条突起，也显得格外美丽。流苏树属中最知名的当数原生北美的美国流苏树。该观赏树种生长缓慢，高度可达3.6～6m，花期紧随山茱萸。春季中晚期，美国流苏树的叶片深裂，此时枝头就会陆续开花。其花序形似流苏，色白绿，花瓣约为15～20cm，带有扑鼻芳香。美国流苏树枝展宽度与高度类似，可达到6m，其叶在整个夏季都会维持鲜艳耀眼的绿色。秋季时，满树鲜绿的树叶仿佛就在一瞬间全部变为耀眼的金黄。如果温度持续走低，其树叶甚至会在一夜间落光。

流苏树雌树会结紫色果实，形似个头很小的李子，很受鸟类欢迎。雄树开花的花瓣比雌树的更大、更鲜艳。流苏树在美国一些地区被称作"老头胡子树"，野生范围从新泽西州南部到佛罗里达州，西至得克萨斯州，且多近水生长。其对城市污染耐受力较强。将流苏树倚池塘而栽，或在空阔的草坪上栽种，都会打造出如画美景。

原生中国的流苏树在温暖地区广受欢迎。该流苏树为多干灌木，叶小于美国流苏树。在美国流苏树花期前2～3星期，中国流苏树就已经开满了5～7.6cm的雪白小花，似流苏一般，又如覆霜盖雪。中国流苏树雌雄花同株而生，且具有更庄重规则的外形。

栽培：流苏树的容器幼苗或土球幼苗在早春时最易移栽。土壤环境应为潮湿、排水良好且pH值在6.0～6.5之间的酸性土壤。流苏树最喜全日照，但也可在半阴环境下生长。美国流苏树花开在上一季生出的枝条上，因此要在花期过后立即修剪。与其相比，原生中国的流苏树则在新枝上开花，因此要在晚冬植物尚未进入新一轮生长季时进行修剪。

植物档案
美国流苏树

学名：Chionanthus virginicus。**科：**木樨科。**植株类型：**小型观花乔木或灌木。**用途：**芳香馥郁的春花乔木；草坪孤植树；灌木花境。**高度：**3.6～6m。**生长速度：**慢速。**生长习性及形态特征：**开心形、枝展宽度。**花期：**5～6月。**花朵：**15～20cm的花簇摇摇欲坠，花为白绿色，形似流苏。**果实：**紫色果实，藏于叶片之中。**叶：**中度偏深绿。**土壤条件及酸碱度：**排水力良好；pH6.0～6.5。**光照及水分：**全日照或半阴；持续湿润。**修剪季节：**花期过后立即修剪。

美国流苏树

美国流苏树

山茱萸

山茱萸属植物是非常理想的观花乔木，一年四季都能为花园带来美丽生机。春季中期，山茱萸便会开出醉人的白色或粉色星形"花朵"。这些 7.6 ～ 13cm 的"花朵"实为山茱萸特化的叶，称为"苞片"。苞片呈尖形，生于其真正外观不显眼的绿花周围。秋季时，山茱萸的叶片会变成红色或梅红色。山茱萸属植物还会结出亮红色的果实，吸引鸟儿前来。

备受欢迎的大花四照花一直都是美国北部花园的经典之选。这种外观亮眼的观赏树可长至 12m 高。但若受到环境的种种影响，大花四照花便容易出现生长问题。目前，日本四照花因其更强的抗影响性而逐渐取代大花四照花，成为了花园新宠。日本四照花摇摇欲坠的果实形似较小的草莓，树皮剥落后呈现令人赏心悦目的图案。日本四照花的两个垂枝变种"伊丽莎白欢乐园"和"织工之泪"都有着让人倾倒的外形。另外，还有一种开粉花的日本四照花名为"里见"四照花。"夏星"四照花会在八月盛放花朵，并且能保持很长一段时间花开不败。

人工栽培的太平洋狗木可长至 22.5m 高。四月时，全树尽是白色的苞片，十分惹眼。到了秋季时分，一簇簇橙红色的果实便会结满枝头，树叶也变成黄色和猩红色。太平洋狗木有时在八月会花开二度。身形较大的太平洋狗木有时会被误认为是灯台树，灯台树广受欧洲花园喜爱。

除以上品种之外，还有一种开黄花的山茱萸属植物虽不是很知名，但依旧受人喜爱，那就是常绿的头状四照花。头状四照花原生于中国，叶片油绿有光泽，开花巨大，呈硫磺色，果实为绯红色。头状四照花可长至 12m 高，外形似灌木。高达 6 ～ 7.5m 的欧洲山茱萸同样为灌木形态，广泛种植于美国中西部。欧洲山茱萸鲜艳硕大的猩红色果实于七月成熟，会吸引鸟儿前来。其果实味道虽酸，但曾经被当作食用作物，并用于制作糖浆和果酱。

灌木大小、细枝繁茂的山茱萸属植物红瑞木，因其冬天树干颜色而被广泛种植，其树皮呈红色。红瑞木为多干丛生的灌木，冠形似花瓶，高 2.4 ～ 3m。

头状四照花

欧洲山茱萸

该树在春季到来时会开小花，后结蓝白色浆果。其叶常在深秋清冷时变成梅红色；冬季时，红瑞木的树皮会变成鲜艳的红色。栽培种"侧木"红瑞木比原生种小，秋叶颜色为美丽的珊瑚红。

柔枝红瑞木与红瑞木外形相似，耐湿土，在美国东北部和中西部地区的花园中都能见到它的身影。其栽培种"石板金枝"的枝条为夺目的金黄色。为更好地展示出其枝条的斑斓色彩，可以在晚冬时分对其进行剪枝，以刺激新芽生长。加拿大草茱萸为常绿半灌木，高度只有15cm。

栽培：在早春时将处于休眠期的容器幼苗或土球幼苗栽入土中。栽种过程中要小心对待其根团。山茱萸属植物喜潮湿且排水力良好的酸性土（pH5.0～6.5），并能在明亮、斑驳日光以及全日照环境下良好生长。

植物档案
太平洋狗木

学名：Cornus nuttallii。
科：山茱萸科。
植株类型：大型落叶观花乔木。
用途：春有繁花，秋有硕果，秋季叶色也很亮眼；草坪孤植树；野态造景。
高度：23m。
生长速度：慢速到中速。
生长习性及形态特征：枝展宽阔，层叠枝型。
花期：四月。
花朵：紫色和绿色小花，包围在白色或粉色的苞片中。
果实：30～40个橙红色果实成簇生长。
叶：初为绿色，秋季变黄或猩红色。
土壤条件及酸碱度：排水力良好；pH5.0～6.5。
光照及水分：全日照，持续湿润。

太平洋四照花

榛属

土耳其榛

提到榛属植物，最为人所知的应该就是大果榛那美味的榛果了。但其实榛属植物中还有一些具有观赏价值的乔木和大型灌木，用其美丽的柔荑花序和清凉悠绿的夏叶装点着花园景观。榛属植物最受欢迎的观赏种当数土耳其榛。土耳其榛气宇轩昂，高达 10～15m，树冠呈规则宽阔的金字塔形。该树种可以耐受城市生长环境，并且在扎根成功后可以耐受干旱土壤。土耳其榛即使在酷暑寒冬温差极大的环境中也依旧可以枝繁叶茂。

土耳其榛一年四季都有迷人风貌。早春时分，会开雄性柔荑花序。夏季叶片浓重墨绿，并于深秋

曲枝欧榛的雄性柔荑花序

褪为黄绿色，之后掉落。冬季，软软的棕黄色或灰色的木栓质树皮表面会展现美丽的褶皱纹理，让人为之赞叹。其果实常是 3～6 粒簇生，体积小，可食用。果实在夏末成熟后基本会被松鼠吃掉。

要说到榛属植物中最令人称奇的树种，则非曲枝欧榛莫属。曲枝欧榛枝曲貌奇，是欧榛的栽培种，成树可达 2.4～3m 高。其枝干呈螺旋状，细枝扭曲，可谓是园艺景观树中的一大奇观。曲枝欧榛别名"哈利·劳德的拐杖"。早在春季新叶生出之前，曲枝欧榛就凭借奇形怪状的树枝和摇摇欲坠的黄色花序引人驻足欣赏。

栽培：早春时，将容器苗或土球幼苗移栽至任何排水力良好的壤质土中，并确保全日照的环境。在前两个生长季期间（或待苗木长得较为强壮以前）保持苗木根部周围湿润。

植物档案
曲枝欧榛

学名：*Corylus avellana* "Contorta"。**科**：桦木科。**植株类型**：小型落叶乔木，枝茎纠缠扭曲。**用途**：冬日主景植物，有收藏价值。**生长范围**：欧洲、亚州西部以及北非地区。**高度**：2.4～3cm。**生长速度**：中速。**生长习性及形态特征**：枝茎扭曲。**花期**：三月。**花朵**：不显眼。**果实**：黄色柔荑序列。**叶**：墨绿。**土壤条件及酸碱度**：壤质土且排水力良好；酸碱度耐受范围广。**光照及水分**：全日照到浅阴，耐湿。

曲枝欧榛

黄栌

美洲黄栌成树达 6～9m，是一年三季都能美轮美奂的北美原生乔木，尤以秋季颜色最为明艳动人。在六月到七月初，柔细的黄色小花开满枝头，到了仲夏时，绵长的花梗形成粉灰色圆锥形花序萦绕枝头，如一捧透着晨曦的薄雾。美洲黄栌正在发育的果实上连有成千上万条细若游丝的花梗，于枝头成束垂下，因此成就了此番云雾缭绕的美景。

欧洲黄栌

美洲黄栌叶呈圆形，夏季先为蓝绿色或墨绿色，至夏末则变为猩红、橙黄、亮金，或深红。美洲黄栌生长速度缓慢，树皮成熟后变为木栓质，外形优美。该树种可孤植于草坪之中或灌木群中。由于美洲黄栌在新枝上开花，因此很多人会在晚冬或早春时为其剪枝，维持娇小的形态，并且刺激黄栌开出更多的花。美洲黄栌的分布范围从田纳西州到阿拉斯加州，零星分布于这些地区的石灰岩土区。高约 4.5m 的欧洲黄栌是维多利亚时期最受宠爱的树种之一，并且直到如今依旧广受欢迎。该树种体型娇小，常用于灌木群植或打造树篱。欧洲黄栌原生于欧洲和中国中部。欧洲黄栌经常作为背景灌木种于多年生草本花境中。其叶夏季为绿色，秋季变红。若想打造色彩对比强烈的观叶效果，欧洲黄栌的紫叶栽培种是理想之选。"皇室紫"欧洲黄栌舒展的叶片为经久不褪的红色到深紫色。栽培种"天鹅绒披风"那满树闪烁温润光泽的紫叶在秋季会变成紫红色。

栽培：黄栌易移栽，最喜排水力好的壤质土，但也可适应干燥的多石地带。黄栌在全日照环境下花色最艳。

欧洲黄栌

美洲黄栌

植物档案
美洲黄栌

学名：Cotinus obovatus。**科**：漆树科。**植株类型**：小型落叶乔木，夏季格外美丽，秋叶色彩鲜艳。**用途**：草坪孤植树；灌木花境。**高度**：6～9m。**生长速度**：中速到慢速。**生长习性及形态特征**：茎干丛生，直立。**花期**：初夏。**花朵**：不显眼的黄色花朵。**果实**：大量灰粉色果实形成圆锥形花序。**叶**：夏季为蓝绿色，秋季为猩红、橙黄、深红色和金色。**土壤条件及酸碱度**：排水力良好的碱性土壤。**光照及水分**：全日照；保持土壤干燥。

山楂

山楂属乔木和灌木春季开花，小枝繁茂，树冠四向伸展，秀丽如画。山楂属乔木常用于小户型遮阴，灌木则用于打造屏障和高树篱。鸟儿不仅喜欢其果实，还会用其带刺的树枝筑巢以增加安全性。山楂属是蔷薇科下的一个属，因此有时会与蔷薇花患有同样的虫病。选购时请选择抗病性强的品种。

"冬之王"是绿山楂的栽培变种，具有非常优秀的抗病性。"冬之王"成树可达 6～9m 高，树冠圆润，树皮银白，会随树的成熟而剥落。晚冬早春时节，小而平的白花簇生枝头，像极了盛放的蔷薇。花开至夏末或初秋，便会结出大量色彩鲜艳的橘红果实，直到冬天都不会掉落，吸引鸟儿争相啄食。"冬之王"叶片呈灰绿色，于秋季变成金黄、猩红或紫色。

北美原生的心叶山楂更为耐寒耐热，春季花开繁盛，夏季绿叶光泽，秋冬红果累累。无论种于城市花园、作为树篱，还是种在公路两旁，心叶山楂都可以茁壮生长。心叶山楂还广泛应用于打造自然野态景观。

警告：大多数山楂树都带刺，有些可达 7.6cm 长，因此不宜种在经常有儿童出现的区域。

"冬之王"绿山楂　心叶山楂

绿山楂

早春的"冬之王"绿山楂

植物档案
绿山楂

学名：*Crataegus viridis* "Winter King"。科：蔷薇科。植株类型：小型落叶乔木，春花明媚，果实鲜艳，秋叶迷人。用途：草坪孤植树；高型树篱；野态造景。高度：6～9m。生长速度：中速到慢速。生长习性及形态特征：花瓶形。花期：晚冬和早春。花朵：小白花。果实：硕大鲜艳的橙红色果实。叶：夏叶灰绿色，秋叶变为金黄、猩红和紫色。土壤条件及酸碱度：排水力良好；酸碱度耐受力较好。光照及水分：全日照；持续湿润。修剪季节：冬季和早春。

珙桐

珙桐娇小柔美，春季中期到末期会盛开硕大的乳白色"花朵"垂坠枝头，成为园中最亮眼的焦点。珙桐的"花朵"似白鸽展翅、蝴蝶飞舞，又似折起的手帕。但实际上这并非花朵，而是两片大型的苞片。珙桐真正的花朵簇生于苞片之间，形小而圆，呈黄

珙桐的花朵

色，开花期很短。两片苞片中，较短的为 5 ～ 7.6cm，在花簇上方微微低垂；长苞片 10 ～ 18cm，垂悬于花簇下方。每当微风轻拂，苞片就会随之扇动，仿佛扑扇翅膀的白鸽，又如同挥舞的白手帕。珙桐叶大，呈心形，似椴树叶，在掉落之前一直为墨绿色。栽培种珙桐树冠为宽大的金字塔形，生长速度适中，可长至 6 ～ 12m 高。枝繁叶茂的珙桐可以为园林带来一抹沁人的阴凉，橙褐色的鳞状树皮也为其外形增添别样雅趣。

珙桐每两年才会开一次花，且可能需要十年之久才会长至开花年龄。珙桐较难在市面见到，但其美丽的外观绝对值得一番寻找。珙桐是值得收藏的

树种，应当被种在所有人都能够欣赏的地点才算不辜负其珍贵价值。

栽培：早春或初秋时移栽容器苗或土球幼苗。珙桐在半阴环境中长势最好，但若土壤足够湿润，也可耐受全日照。珙桐在微酸性、排水性良好的、掺有泥炭苔的壤质改良土中长势最好。

珙桐

珙桐

珙桐

植物档案
珙桐

学名：Davidia involucrata。**科**：蓝果树科。**植株类型**：小型到中等尺寸落叶观花乔木。**用途**：春季中晚期花朵艳丽；可以提供些许树荫；孤植树。**高度**：人工栽培下6～8m；野生环境下长至20m。**生长速度**：中速到慢速。**生长习性及形态特征**：宽阔的金字塔形。**花期**：春季中晚期。**花朵**：两片不等长白色苞片，分别为5～7.6cm长和10～18cm长。**果实**：3.8cm的绿色核果，果粉为紫色，后变为红铜相间。**叶**：椭圆形阔叶，带尖；长约12.7cm；新叶有香味，夏季为亮绿色。**土壤条件及酸碱度**：排水力良好；pH5.0～6.5。**光照及水分**：浅阴或全日照；根部需要持续湿润。**修剪季节**：冬季。

桉树

珊瑚桉

蓝桉

桉属常绿乔木原生于澳大利亚，因其美丽芳香的树叶和多彩剥落的树皮而广受欢迎。桉树生长速度快、扎根浅，在原产地澳大利亚可以长得很高。但在北美地区生长时则能将高度维持在适合作行道树、屏障，以及家庭园林孤植树的高度。大多桉属乔木在春季开红色或白色毛绒小花，吸引蜜蜂前来采蜜。

桉树中以蓝桉最为知名。蓝桉高大挺拔，生长迅速，但树势较为杂乱，一直以来多种植于加州海岸线一带为柑橘林挡风，或者种植在潮湿地区用于干燥土壤。值得注意的一点是，蓝桉会分泌毒素，杀死周遭植被，尤其是草本植物和阔叶植物。蓝桉的矮型栽培种密枝蓝桉茎干丛生且呈灌木形，是树势相对较规则的居家园林树，最高可长至12m。密枝蓝桉宜孤植，或经修剪当作树篱，

少花桉

也可作为高大防风树。其幼叶银蓝，且呈硬币状，成叶则变为镰状披针形。有些桉树适合在更冷、更干旱地区生长。少花桉是桉树中最耐寒的树种。少花桉树皮发白，会剥落；叶小，呈银绿色。银叶桉体型比少花桉稍小，是非常适合装点花园的树种。可以将其带有裂叶的枝条剪下并用于花艺装饰。银叶桉树皮不会剥落。珊瑚桉广泛种植于沙漠地区。珊瑚桉成树6～7.5m，花为珊瑚红色或黄色，叶片细长，呈绿色和金黄色，是观赏价值极高的乔木。

栽培：早春或秋季时，选择最幼小的苗木并将其移栽至湿润的土壤中，并确保全日照环境。桉树多耐旱，并且能够适应多种土壤环境。

植物档案
银叶桉

学名：*Eucalyptus cinerea*。**科**：桃金娘科。**植株类型**：阔叶常绿乔木，叶带香气。**用途**：造景；高树篱；防风树；裂叶观赏。**高度**：10.5～12m。**生长速度**：快速。**生长习性及形态特征**：枝展宽阔，树形不规则。**花期**：春季。**花朵**：乳白色。**果实**：木质蒴果。**叶**：硬币形蓝绿色小叶生于垂枝之上。**土壤条件及酸碱度**：耐受力强。**光照及水分**：全日照，中度干燥土壤。**修剪季节**：春季进行重修剪，以促进外观迷人的新生叶生长。

银叶桉

水青冈

水青冈属乔木高大雄伟，树枝低垂，有时会轻拂地面。水青冈的栽培种多由两大原生种而来，分别为成树 15～21m、银色树皮的北美水青冈，以及稍小型的欧洲水青冈。秋季时分，水青冈闪光的绿叶变为赤褐或金棕色，十分柔和动人。其秋叶会一直挂在低低的枝头，直到入冬才会落下。水青冈枝形对称，树皮光滑美丽，在冬日里尤其亮眼。树上结出的坚果会吸引鸟儿和松鼠前来觅食。虽然在高大挺拔的水青冈根边点缀上小巧玲珑的番红花或葡萄风信子等球茎花卉会打造出更加优美的画面，但由于其根系浅且成网状广展，导致其附近土表难以生长其他植被。北美水青冈和欧洲水青冈都需要种植在宽阔的空间才能充分生长。

北美水青冈生长速度缓慢，但成树挺拔雄美，尤以美国俄亥俄州或密西西比河谷生长的水青冈最为高大。注：北美水青冈移栽难度较大，也不适合城市环境生长。北美水青冈需要种植于开阔的大型园林景观中，是理想的自然野态景观造景树。其果实硕大多油，为鸟类和其他动物所喜爱。

欧洲水青冈较北美水青冈而言更易种植，其果实曾用于喂猪及其他牲畜。苗圃培育的欧洲水青冈形态颜色各异，其中的蕨叶欧洲水青冈就以其外形精巧的开裂叶成为最为典雅的栽培种之一。垂枝形态的欧洲水青冈幼树略显干瘦纤弱，但经年累月则会长成参天大树，独当一面。垂枝欧洲水青冈和紫叶垂枝欧洲水青冈是两种成树枝繁叶茂、外观磅礴大气的垂枝栽培种。柱形欧洲水青冈外形为窄直的圆柱形，比原生品种更耐寒。

不同柱形欧洲水青冈也有着不同的色彩特点。"道威克幽紫"叶片呈紫铜色，而"道威克黄金"则春生黄叶，夏季变为柠绿；"三色"柱形欧洲水青冈生有闪亮的紫铜色叶，配以粉边白尖，极具异域风情。"大河"紫叶欧洲水青冈树形高大，枝展广阔，深紫色的树叶挂满枝头，能够装点一整个夏天。

栽培：早春时，小心将容器苗或土球幼苗移栽至排水力良好、pH5.0～6.5 的酸性疏松土壤中，并确保全日照环境。在夏季或初秋，剪掉向中心生长或彼此摩擦的树枝。

柱形欧洲水青冈

"大河"紫叶欧洲水青冈

植物档案
北美水青冈

学名：*Fagus grandifolia*。
科：壳斗科。
植株类型：大型长寿落叶庭荫树乔木，树皮为银灰色。
用途：景观孤植树；高屏障。
高度：15～21m。
生长速度：慢速到中速。
生长习性及形态特征：宽阔金字塔形，枝条接地。
花期：四月到五月。
果实：可食用小坚果成簇生长。
叶：银绿色，秋季为金色和古铜色之间。
土壤条件及酸碱度：排水力良好；pH5.0～6.5。
光照及水分：全日照；持续湿润。
修剪季节：夏、秋季。

春季时，北美水青冈
卷曲的叶片

梣树

秋日的美国白梣

梣树外表俊秀，生长迅速，可种于大型园林中充当庭荫树。秋季时分，梣树叶片大多变成灿黄，有些变种则为全树紫红。北美原生的梣属植物中，有16种可以长为乔木态，且几乎在每个区域都能找到一种适合种植的梣树。分布最为广泛的梣树树种当数能够长至15～18m高的美国红梣，其野生范围广，涵盖加拿大各省到佛罗里达州北部，西至密西西比河谷及得克萨斯州。美国红梣树势规整，秋叶呈悦人的金黄，可以耐寒、耐热、耐干风，且能够在pH值较

高的湿土或干燥土壤中生存。以无种子、抗病害且秋色喜人为卖点的栽培种往往是最受欢迎的梣树品种。

美国白梣高达24～30m。通过其培育的两个栽培种"秋日幽紫"和"秋日光辉"是东北部地区广受欢迎的草坪树。在北部地区，这两大栽培种的秋叶为紫红色或鲜红色，但在较温暖地区则较为寡淡。高约12～15m的雷伍德窄叶梣也可为秋日添加一抹姹紫嫣红。在太平洋沿海地区，高大茂密的阔叶梣是非常重要的行道树。

栽培：春季或初秋时进行移栽。梣树在排水力良好的深土中长势最好，但在全日照的环境下也可耐受湿润土壤。梣树幼苗需要充足的水分，但生根后便能展现出较强的耐旱能力。

花梣

植物档案
美国红梣

学名：Fraxinus pennsylvanica。
科：木樨科。
植株类型：大型落叶庭荫乔木。
用途：适应力强的庭院孤植树；庭荫树；秋叶颜色观赏。
高度：15～18m。
生长速度：快速。
生长习性及形态特征：幼树金字塔形，成树直立，枝展开阔。
花期：四月。
花朵：绿色和紫红色。
果实：带翅小坚果。
叶：墨绿色，秋季变为黄色。
土壤条件及酸碱度：适应力强；耐受高pH值。
光照及水分：适应力强。
修剪季节：休眠期。

秋日的美国红梣

银杏

银杏

银 杏原生于中国东南部，为古代孑遗的稀有物种，也是裸子植物银杏目中唯一幸存的成员。但是银杏与其他任何现存的裸子植物都大不相同。化石记录显示，银杏早在一百五十万年前就已存在于地球上。植物学家们认为银杏也许是找出现代裸子植

秋季银杏

物与生物进化史前端的原始树蕨和苏铁属植物相关性的关键一环。银杏与现代裸子植物的区别在于其"球果"的与众不同。银杏的果实形似金梅。此外银杏叶也不像其他裸子植物一样为针叶，而为平面扇形，且具圆形叶垂。银杏十分长寿，早在几百年前就有人开始种植。北美种植的银杏均引自中国，但据地质学家研究发现，若追溯到远古时期，其实北美大陆上也曾有过银杏树的身影。银杏成树高耸挺拔，英姿飒爽，是大型园景的理想之选。其枝条呈不规则状横向伸展，形成圆球树冠，高高矗立在其高大笔直的树干顶端。秋季时分，银杏叶变为耀眼的金黄色。由于银杏对污染、盐分、烟尘及干旱抗性良好，因此广泛种植于各大城市的树箱之中。树箱之中的银杏由于空间限制，往往只能长到 9～12m，且树叶稀疏。在华盛顿哥伦比亚特区的国会山街区中，可以看到高达 30m 的银杏树。

在选购银杏时，只选择雄株采购，且最好是嫁接栽培种。这是因为雌株银杏会长出很多形似梅子并且气味难闻的果实。虽然这些可以食用的果实在有些地区很有价值，但是其杂乱无序的生长状态却有碍观瞻。有些雄树栽培种观赏性极强："秋日金辉"具有美丽的宽大树冠，而"普林斯顿哨兵"则呈柱形外观。这两种栽培种都有着色彩鲜艳的秋叶。"梅菲尔德"银杏也是一种树形窄直的柱形栽培种。15～18m 高的"马扎尔"则能耐受烟尘和污染等糟糕的城市环境。若想选购较小型银杏，可以优先选择 7.5～12m 高且秋叶绚烂的"萨拉托加"。

栽培：银杏宜于春秋移栽至湿润、排水力好且 pH 值在 5.5～7.0 的砂质深土中。银杏喜全日照。

植物档案
银杏

学名：Ginkgo biloba。**科：**银杏科。**植株类型：**高大落叶松柏。**用途：**行道树及公园树；景观孤植树；秋叶观赏。**高度：**6～8m，在极少情况下可长到30m。**生长速度：**中速到慢速。**生长习性及形态特征：**幼树金字塔形，成树树干笔直、枝展开阔。**花期：**三月到四月。**花朵：**雌雄异株；雄花绿色，为2.5cm圆柱形柔黄花序；雌花生在3.8～5cm的绿色胚珠上。**果实：**梅形，小麦色到橙色；光籽，长约2.5～3.8cm；长势凌乱且带有臭味。**叶：**5～7.6cm长；夏季亮绿，秋季明黄。**土壤条件及酸碱度：**排水力良好；pH5.5～7.5。**光照及水分：**全日照；幼树时持续湿润。**修剪季节：**春季。

秋日银杏

北美肥皂荚

北美肥皂荚株高可达 18 ～ 22.5m，外观似热带树，极其耐受城市污染、干性土壤，因此很适合种于开阔空间的城市园景中。其粗壮优美的枝条和鲜明奇特的树皮纹理都是冬日中吸人眼球的独特亮点。北美肥皂荚于晚春生叶，起初为粉色，夏季变为蓝绿色，等到秋季时又再变成暖黄色。在春季中后期，雌株会开出 20 ～ 30cm 的白绿色圆锥形花序，并散发迷人的玫瑰香。花后结 13 ～ 25cm 长的棕黑色肥厚荚果，冬季也不会脱落。荚果内有甜味果肉，并嵌有若干硕大的种子。由于雄树不会结果，因此更适合作为观赏树。

北美肥皂荚

北美肥皂荚原生于北美洲中西部和东部，早在 5000 万～ 7000 万年前，肥皂荚属植物曾在欧洲大陆广泛生长，而如今只有两种存活至今，而北美肥皂荚就是其中之一。该树生长速度适中，寿命通常不会短于百年。

栽培：北美肥皂荚宜于春、秋移栽。该树种最喜全日照，以及肥沃、湿润的深土，但也可以适应干旱、多污染及碱性的生长环境。

北美肥皂荚

北美肥皂荚

植物档案
北美肥皂荚

学名：Gymnocladus dioica。**科：**豆科。**植株类型：**高大落叶乔木。**用途：**春花芳香；庭荫树；冬日亮点。**高度：**18～25m。**生长速度：**中速。**生长习性及形态特征：**高大；圆润开心形树冠。**花期：**晚春。**花朵：**雌雄株长白绿色圆锥形花序且带有芳香。**果实：**棕黑色厚皮荚果。**叶：**叶柄上长有3～7对墨绿色小叶；有些树叶到秋季为艳黄色。**土壤条件及酸碱度：**肥沃的深层土土；酸碱适应力强。**光照及水分：**全日照；耐旱。**修剪季节：**冬季或早春。

银钟花

银钟花在春季时最为迷人。春暖花开时，其枝头便会挂满成千上万朵形似雪花莲的纯白小花。四月到五月初，银钟花尚未抽叶就已覆盖上了大片大片的洁白花朵，随着微风轻轻舞动。花开过后，银钟花便会结出 1.3cm 大小的四翅核果，初为绿色，后变为浅棕色，一直到满树秋叶变为黄色或黄绿色都还一直悬挂在枝头。该属植物在阴凉潮湿的环境下花势茂盛，为林地边境增添一丝春意盎然。银钟花非常适合依山傍水而种，以打造迷人雅致的自然野态。若种在花园中，则可将色泽较深的常绿植物作为背景。与满树夺目的鲜花相比，未开花的银钟花就显得平凡得多。

四翅银钟花高约 9～12m，与其有亲缘关系的山地银钟花体型稍大。山地银钟花原生于海拔 3000m 以上的高山地区，但在城市环境中也能健康生长。"玫粉"是山地银钟花的栽培种，开花为粉红色。这两种银钟花都有着优雅灵动的外形，可以按照修剪乔木或多干灌木的方法进行修枝。

栽培： 早春或秋季时，将容器苗或土球苗移栽至湿润、排水力良好，且 pH 值为 5.0～6.0 的微酸性土壤中。银钟花在半阴或全日照环境下可以茁壮生长。银钟花在旧枝上开花，应在花落之后立即修剪。

四翅银钟花

春季的四翅银钟花

植物档案
四翅银钟花

学名： Halesia tetraptera。**科：** 安息香科。**植株类型：** 落叶观花乔木。**用途：** 春花；潮湿、荫蔽地区作为自然野态造景。**高度：** 人工栽培下 9～12m；野生环境下长到 24m。**生长速度：** 中速。**生长习性及形态特征：** 低枝或茎干丛生乔木。**花期：** 早春从四月份到五月初。**花朵：** 1.3～1.9cm 长的钟形白色小花组成的垂坠花簇；生于上一季的旧枝。**果实：** 留存时间久；5cm 长的四翅棕色荚果。**叶：** 5～10cm 长；椭圆形；初为绿色，后变为黄绿色。**土壤条件及酸碱度：** 湿润；pH5.0～6.0。**光照及水分：** 全日照或浅阴；持续湿润。**修剪季节：** 花期过后立即修剪。

四翅银钟花

冬青

冬青属植物种类繁多，为阔叶常绿或落叶乔木或灌木。冬青外表亮丽，是非常受欢迎的家庭园景树。有些种类的冬青叶和圣诞贺卡上那最具代表性的圣诞树一样，闪亮的墨绿叶片叶脊突出，凹凸有致。而有些冬青的叶则和黄杨树叶一般小而光滑。冬青果实为红、黄、橙色，或蓝黑色浆果。若将冬青雌树种在能够为其授粉的雄树旁，则能结出最为丰硕的果实。冬青耐寒力强，用黑色塑料布或粗麻布包裹都是对其比较有效的防风保护，唯一不足之处在于有碍观瞻。

北美齿叶冬青

北美原生的北美齿叶冬青野生于美国东部地区，极其能适应各种气候。可长成 12～15m 且为金字塔形的大树。其鲜红色或黄色的浆果于十月成熟，一直到冬季都不会掉落。北美齿叶冬青有逾 1000 个变种。

欧洲枸骨是冬青树中最为美丽可人的一种，高约 10.5m，外形夺目，树冠呈金字塔形。其叶富有光泽，果实色彩明艳，一直以来都被当作圣诞的象征。欧洲枸骨有两种惹人喜爱的斑叶变种：银边欧洲枸骨和金边欧洲枸骨。二者的叶片分别有白色和黄色的叶缘。

欧洲枸骨

硬齿冬青为欧洲枸骨和猫儿刺的杂交品种，广受西海岸家庭园林喜爱。其雌性克隆种"圣荷西"叶小而富有光泽，果实亮红。该栽培种可长至 50～63m 高。

无论是哪种园林景观，也无论怎样的气候条件，都能找到适合种植的灌木冬青。

栽培：早春或初秋季时，将容器苗或土球苗移栽至湿润且排水力良好的微酸性土壤中。冬青喜半阴，不耐干旱及多风环境。

斑叶欧洲枸骨

植物档案
斑叶欧洲枸骨

学名：Ilex aquifolium "Aureo-marginata"。**科**：冬青科。**植株类型**：结红色浆果的阔叶常绿树；雌株。**用途**：草坪孤植树、灌木花境以及高树篱。**高度**：6～10.5m。**生长速度**：中速。**生长习性及形态特征**：金字塔形。**花期**：五月。**花朵**：清香；哑光白色。**果实**：直径0.6cm的圆形浆果；果实发亮，为红色。**叶**：多刺、波浪形叶缘；颜色墨绿，富光泽感，带有乳白色叶缘。**土壤条件及酸碱度**：排水力良好；偏酸性土壤。**光照及水分**：全日照到半日照；持续湿润。**授粉**：欧洲枸骨雄株。**修剪季节**：花期过后或在十二月将长有浆果的树枝剪下。

刺柏

刺柏属植物均为抗性很强的常绿乔木、灌木和地被植物。刺柏属植物叶为针形或麟形，色呈灰蓝、蓝绿或浅绿，叶尖或为金色。在冬季寒霜笼罩之下，许多刺柏都会染上一层紫色。雄树结出的球果为黄色，形似柔荑花序。雌树则会结圆形的蓝色小浆果。在园林中种上几株刺柏可以带来长久的美景。但有些刺柏树种易患疫病。因此在挑选刺柏时一定要选择抗疫病栽培种。

岩生圆柏　　　　　　　　　　　　　　　岩生圆柏

圆柏高达 15～18m，外形俊秀，寿命很长，常用于栽培种的杂交培育。来自美国中西部地区的栽培种"琼花"圆柏树冠为宽阔的金字塔形，叶呈绿叶，果实则为蓝色。"斯巴达"圆柏生长速度快，枝叶茂密，能够长到 4.5～6m 高，枝展达 1.5m。另一栽培种"贝塚"圆柏（又名"微斜"圆柏，常被称为"好莱坞杜松"）高约 6～9m，树形呈自然扭曲状，在加州沿海地区很受欢迎。其变种"斑叶贝塚"高度约为 4.5m，叶片呈斑驳的黄色。

北美原生的刺柏通常在离开其原生地带后无法良好生长，因此应按照种植地区选择当地原生的刺柏进行栽种。岩生圆柏树冠呈窄金字塔形，高度为 9～12m。岩生圆柏有一些色彩斑斓的栽培种："蓝色天堂"和"灰色微光"就是其中较小的两种。二者的命名均由其叶色特点而来。栽培种冲天树形纤窄，高度约 6m。"托利森蓝"垂枝圆柏则为树叶银

圆柏

植物档案
好莱坞杜松

学名：Juniperus chinensis "Kaizuka"。**科**：柏科。**植株类型**：美丽的常绿乔木。**高度**：6～9m。**生长速度**：快速。**生长习性及形态特征**：枝条扭曲且枝型不规则，个性十足。**用途**：主景植物。**花朵**：不显眼的橙黄色花朵。**果实**：球果。**叶**：鲜绿色鳞叶。**土壤条件及酸碱度**：排水力良好；pH5.5～6.5。**光照及水分**：全日照；耐旱。**修剪季节**：休眠期。

圆柏

好莱坞杜松

密枝鹿角桧

偃柏

“蓝星”高山柏

蓝的垂枝品种，成树可达 6m 高。北美圆柏树枝叶繁茂，能够长到 12 ～ 15m，树形有金字塔形和圆柱形两种。“布尔奇”高约 9m，叶片为赏心悦目的蓝色，冬季变成蓝紫色。耐寒的“卡内迪”北美圆柏春季为黄绿色叶，冬季变为墨绿。“灰猫头鹰”生有柔和的银灰色树叶。偃柏叶蓝绿。其某些栽培种高 0.6 ～ 0.9m，枝展可达 2.4 ～ 3m，可以作为优质地被植物。栽培种“灰蓝”有着羽翼般轻盈的蓝绿树叶。

鹿角桧的某些栽培种高约 1.5 ～ 3m，枝型不对称，有着别致的优雅外形，且有多种尺寸和叶色可选。金叶鹿角桧的新枝顶稍为金黄色。“箭型灰蓝”则长有霜蓝色叶。灰绿叶密枝鹿角桧能长到 0.9m 左右高。蓝绿色的“浪花”则仅有不到 0.3m 高。

海滨杜松为匍枝树形，通常只有 0.3 ～ 0.45m 高，但蓝绿色的树叶十分茂密。其栽培种“蓝色太平洋”具有迷人的冬色，而“琥珀之海”则耐寒性更好，也稍高一些。平枝圆柏高不足 0.3m，枝展年长 20 ～ 30cm。平枝圆柏叶呈鲜艳的银蓝色，在冬季变紫。该树是加州南部匍匐刺柏中最为迷人的一种。高 15cm 的“维尔托尼”是匍枝刺柏中最为精致的栽培种。“蓝星”高山柏为单一种子植物，高为 0.6 ～ 0.9m。可用其打造亮眼醒目的低矮花境。

栽培：刺柏根系延展，其容器苗宜于春、秋移栽。土壤应为加入粗砂的酸性土（pH5.0 ～ 6.5）。刺柏喜全日照。

“灰猫头鹰”
北美圆柏

栾树

复羽叶栾
如纸一般
的蒴果

栾树属为中小型庭荫树，在夏初或盛夏开硕大鲜艳的黄花，花朵约为1.3cm，形成长达30～38cm的圆锥形花序。花开过后会在夏季长出一串串质地如纸的蒴果，初为绿色，后变为金黄色，最后变成鲜艳的肉桂棕色。其蒴果悬挂枝头多时，如同传统的小灯笼。在秋季时分，如羽毛一般轻柔优雅的树叶会变为美丽的黄色。栾树生长迅速，可抗大多数病虫害。成树高至9～12m。其树冠在生长条件良好时可长成宽大的平面形。由于英语中常将栾树称作"金雨"树，因此易与俗称"金链"树的毒豆属植物混淆。

复羽叶栾有两个英文别名，分别为"Flame tree"（火焰树）和"Chinese rain tree"（中国雨树）。该树种也可长至9～12m，但树冠更为圆润。复羽叶栾开花鲜黄，芳香扑鼻，花期比栾树晚2～3星期。其肉粉色蒴果即使在干掉后也不会褪色，观赏性十足。

栽培：栾树和复羽叶栾都宜于早春或秋季移栽，并能适应各种土壤。栾树耐风吹、污染、干旱、高温及碱性土。栾树在全日照下花开最盛，但在半阴环境中也可茁壮生长。

栾树

植物档案
栾树

学名：Koelreuteria paniculata。**科：**无患子科。**植株类型：**落叶观花乔木。**用途：**特色孤植树。**高度：**9～12m。**生长速度：**中速到慢速。**生长习性及形态特征：**枝展开阔的圆润形树冠。**花期：**初夏到仲夏。**花朵：**由小黄花组成的圆锥形花序。**果实：**灯笼性纸质蒴果；颜色从绿色变为金色，再变为肉桂棕。**叶：**轻盈的紫叶，先变绿再变黄。**土壤条件及酸碱度：**适应多种土壤；较喜pH6.0～7.5。**光照及水分：**全日照或浅阴；耐旱。**修剪季节：**休眠期。

"九月"栾树

毒豆属

毒豆属植物俗称金链树，在五月份会有两周的开花期。处于花期的金链树是非常优美迷人的观赏树。其树高约为 6～9m，开花时全树如紫藤花一般，挂满一串串色泽金黄、形似豌豆、长度

沃氏杂交金链树

约 10cm 的小花。花开过后，金链树依旧明艳动人，蓝绿色的树叶疏落有致，即使处于生长季，依旧给人以不疾不徐、轻丽可人的美感。金链树荚果的外形不具有观赏价值，且有毒。英国作家和园艺家罗斯玛丽·韦雷曾用金链树打造了一条闻名遐迩的步道。步道两旁的金链树经整枝后沿着金属拱门盘错生长，在头顶上方交汇。这可谓是金链树在园艺场景中最如梦似幻的一次亮相。

沃氏杂交金链树是毒豆属三个欧洲树种中最为美丽的一种。"沃斯"是非常出色的一个变种，花开浓密繁盛，金链般的花序长度可达 61cm。高山毒豆外形与"沃斯"相似，但更为耐寒。高山毒豆的总

状花序长为 25～38cm，金黄的花朵竞相盛开。其开花时间比沃氏金链树久，但花朵不如后者吸人眼球。

小型花园中有时会将金链树孤植于草坪之上。若空间充足，可以将两株或三株金链树搭配柱形常绿乔木和常绿杜鹃或月桂等开花灌木群植，以营造低垂的金链与烂漫鲜花交相辉映的奇妙美景。若种植地区不在金链树耐寒区范围内，可以将其以盆栽形式种植，并于冬季转移进温室栽培。

栽培：早春时，将容器苗或土球苗移栽至湿润、排水力良好的土壤中。毒豆属植物可以适应很多土壤环境，但不喜根部潮湿。应避免午间阳光直射苗木。

高山毒豆的圆锥形花序

罗斯玛丽·韦雷用沃氏杂交金链树打造的步道

植物档案
沃氏金链树

学名：*Laburnum x watereri* "Vossii"。**科**：豆科。**植株类型**：小型落叶观花乔木。**用途**：春季中期观赏花朵；孤植树。**高度**：6～9m。**生长速度**：中速。**生长习性及形态特征**：小型乔木；圆润形树冠。**花期**：五月和六月初。**花朵**：亮黄色；1.9cm 长的亮黄色花朵长在 61cm 长的垂枝上。**果实**：不显眼的荚果。**叶**：叶柄上有 3 片 2.5～7.6cm 长的小叶；夏季为亮蓝绿色，秋季颜色不突出。**土壤条件及酸碱度**：排水力良好；pH5.0～6.5。**光照及水分**：斑驳日照；正午时需提供防晒保护；持续湿润。**修剪季节**：花期过后修剪。

"沃斯"沃氏杂交金链树

紫薇

"纳切斯"紫薇

若谈到美国的花中佳丽，那定是北有丁香，南有紫薇。紫薇为夏季开花的小型乔木或大型灌木。仲夏时，其形似紫丁香的花朵绽于新枝。紫薇花期至少为 4 ~ 6 周。其花色彩斑斓：覆盆子色、粉色、西瓜红色和藕紫色层层渲染开来。有些紫薇也开白花，但不如白丁香一般清纯灵动。有些紫薇树干装点着斑驳的树皮，十分美观。其春季新叶呈古铜色，秋季则变为金黄、橙色和粉红色；白花紫薇的叶片秋季为黄色，而粉红花紫薇叶片则多为橙色或红色。

"纳切斯"紫薇

现在已培育出抗霉抗病的杂交品种，这种杂交紫薇最先由美国国家植物园的唐纳德·艾格夫博士（Dr. Donald Egolf）所培育。大多数紫薇都有肉桂色的树皮和粗壮弯曲的树干。艾格夫博士所培育的杂交品种体型更大，很快就能长至 4.5 ~ 6m，并且可以通过整枝而形成单干或多干丛生的树形。由于紫薇在新枝上开花，因此可在休眠期将其修剪至贴地高度，以维持其观花灌木树形。艾格夫将其培育的杂交紫薇以美国原住民部落命名，如粉花"波托马克"、淡粉"塞米诺尔"和白花"纳切斯"。艾格夫博士还培育了一种 2.1 ~ 2.7m 高的半矮种紫薇。这种紫薇易于修剪，可以用于打造美丽的观花树篱以及花境。半矮种杂交紫薇有白色花朵的"阿科玛"、淡粉色的"霍皮"、透粉色的"佩克斯"，以及深薰衣草色的"祖尼"。

栽培：早春时，将容器或土球苗移栽至湿润且 pH 值为 5.0 ~ 6.5 的酸性重壤土或黏土中。由于紫薇在新枝上开花，因此要在早春生叶之前进行强修剪，以促进其开花，并控制其高度。冬季时有些植物呈现冻枯现象，但之后仍可生出枝条并开花。

"塞米诺尔"紫薇

植物档案
紫薇

学名：Lagerstroemia indica "Seminole"。**科**：千屈菜科。**植株类型**：小型落叶观花乔木或者灌木。**用途**：仲夏花朵受人瞩目；秋叶颜色迷人；树皮彩色；草坪孤植树；灌木花境。**高度**：4.5 ~ 6m。**生长速度**：快速。**生长习性及形态特征**：直立树形；圆润形树冠。**花期**：仲夏。**花朵**：花瓣褶皱；头粉色花簇盛开时间很长。**果实**：六瓣蒴果。**叶**：古铜色，后变为绿色，再变成金黄色。**土壤条件及酸碱度**：重壤土及黏土；pH5.0 ~ 6.5。**光照及水分**：全日照及斑驳日照；持续湿润。**修剪季节**：在春季生叶之前强剪。

落叶松

落叶松属植物为高大的落叶松柏门乔木，原生于北半球凉爽的山地地区。其身姿挺拔，树枝低垂，秋季针叶变为金橙色，渲染出迷人秋景，随后便纷纷落下。落叶松的主要观赏价值在于其金黄色的秋叶，尤其在常绿植物的衬托下最为炫彩夺目。其针叶短小狭窄，叶底两侧有白色气孔带，通常簇生于枝上。落叶松的树皮为红棕色，易剥落，曾被用于制作植鞣皮革。其球果外观美丽，生长第一年成熟，是冬季观赏的一大亮点。生长迅速、外观亮丽的日本落叶松在春季时节，柔软的松针簇生在垂垂的松枝上，为全树披上清新的海洋绿；而到了秋季，满树针叶变为金黄，迷人的秋景美不胜收。日本落叶松鳞状树皮会呈长条状纵裂剥离，露出红色内皮。日本落叶松可长至21～27m，枝展可达7.5m，最宜作为景观种在大型庭院中。长势缓慢的金钱松与日本落叶松有亲缘关系，但不为同属。金钱松适合生长在更为凉爽的地区，同样为大型花园造景的优质选择。原产于中国的金钱松外形优美，人工栽培下能长至9～12m高，野生状态则可高达36m。金钱松几乎不招虫害，但是若想找到一个完美的种植地也非易事，因为其枝展几乎可与高度相同。欧洲落叶松曾被广泛种植于美国东北部，但正逐渐被其他更抗病虫害的松柏树所取代。

栽培：日本落叶松宜于早春移栽。应将处于休眠期的容器苗或土球苗移栽至湿润且排水力良好的土壤中。日本落叶松与其他落叶松一样不喜阴、不耐污染或干旱，但可以适应酸性浅层土。

欧洲落叶松的针叶

欧洲落叶松

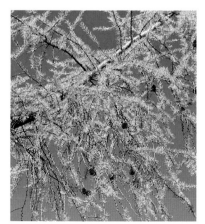
日本落叶松

植物档案
日本落叶松

学名：Larix kaempferi。**科**：松科。**植株类型**：高大落叶松柏。**用途**：春秋叶片色彩绚烂；景观孤植树；林地特色树。**高度**：21～27m。**生长速度**：中速到快速。**生长习性及形态特征**：开心金字塔形；枝条纤细垂坠。果实：2.5cm或更长球果；雌雄同株；栽种第一年后成熟。**叶**：2.5～3.2cm长的扁平叶；叶色为柔和的海绿色；针叶，叶底有两条白色气孔带；春夏叶片为绿色，秋季落地之前为金黄色。**土壤条件及酸碱度**：排水力良好；酸碱度适应力强。**光照及水分**：全日照；持续湿润。**修剪季节**：仲夏。

欧洲落叶松

北美枫香

北美枫香

北美枫香是高大挺拔的庭荫树，秋季尤为雄伟壮丽。其五角星形的树叶阔大而富有光泽，在夏季为迷人的墨绿色。待天气转凉，叶片也变为紫色、红色和正黄色。色彩斑斓的树叶会在枝头停驻几周乃至数月。北美枫香在湿润的土壤中可以每年 0.6～0.9m 的速度快速生长，成树可达 18～22.5m 高，枝展可达树高的 2/3。北美枫香灰棕色的树皮为木栓质，外观奇特有趣，也是该树冬季观赏亮点之一。有些人认为北美枫香树的果实有碍观瞻。其种球木质且多刺，在雌雄花簇开花后结出。掉落满地的果实可能对除草机造成损害。如果赤脚走过树下，也有可能被扎伤。北美枫香英文名称为 "American Sweet Gum"，直译为"美国甜胶树"。树如其名，北美枫香的树液确实味甜，且呈胶状黏稠。北美枫香在美国康涅狄格州南部一直到海湾国家都能茁壮生长，在加州长势尤为喜人（该树在加州被称为"液体琥珀"）。

秋季的北美枫香

若庭院空间开阔宽敞，且园中土壤湿润呈酸性，那么种植北美枫香是非常不错的选择。除了需要在除草之前先清除掉落的带刺果实这一点比较棘手之外，北美枫香是非常优质、美丽的草坪观赏树。

栽培：早春时，将休眠的容器或土球幼苗移栽至湿润且 pH 值为 5.5～6.5 的微酸性土壤中。移栽过程中应小心对待其根团。即使在最好的生长环境中，北美枫香依旧需要时间去适应。北美枫香最喜全日照，但也耐半阴。该树种无法耐受环境污染。

植物档案
北美枫香

学名：Liquidambar styraciflua。**科**：金缕梅科。**植株类型**：大型落叶庭荫乔木。**用途**：观叶；秋色迷人；庭荫树；草坪孤植树。**高度**：人工栽培下 18～22.5m；野生环境下 24～36m。**生长速度**：中速到快速。**生长习性及形态特征**：幼树为外形利落的金字塔树形；随树龄增高而日益圆润。**花期**：四月或五月随叶开。**花朵**：不显眼。**果实**：硬质的圆形木质蒴果，多刺，直径为 2.5～3.8cm。**叶**：10～19cm 宽的星形叶片；叶缘有小锯齿；夏季为亮绿色，秋季变为亮红、紫色和黄色。**土壤条件及酸碱度**：湿润；pH5.5～6.5。**光照及水分**：全日照或斑驳日光；持续湿润。**修剪季节**：冬季。

北美枫香的多刺果实

鹅掌楸

鹅掌楸属植物目前只有两种已知原生种：一种为北美鹅掌楸，又名郁金树，原生于北美五大湖区边界，分布范围从美国马萨诸塞州到佛罗里达州，西至威斯康辛州和密西西比州；另一种为中国的鹅掌楸。中国鹅掌楸比北美鹅掌楸小，在北美地区苗圃中较不常见。

北美鹅掌楸是北美地区原生阔叶树中最为高大的一种，可以耐受城市环境压力，是非常伟岸的庭荫树。北美鹅掌楸在秋季会变成如同金丝雀羽翼般的淡黄色。其树叶形似枫叶，但叶尖较方，夏季为美丽的蓝绿色。五月末或六月初时，北美鹅掌楸会开出硕大的浅黄绿色或绿色花朵，形似郁金香，近基部有亮橙色带。其明艳动人的花朵高高开于树冠顶端，以至于除了前来采蜜的蜜蜂之外，他人都无缘欣赏到这高挂枝头的花朵。北美鹅掌楸的种子藏于球果状的果实内，形似大型木兰的种子，会吸引雀类和北美红雀前来觅食。其灰色树皮质地柔软，树干挺立，上部树枝形成椭圆形的树冠。北美鹅掌楸可以独立于公园或大型庭院草坪中央作为孤植树，尽情展现其昂扬的身姿，描绘出一幅雄美之景。北美鹅掌楸在人工栽培下可长至 21～27m，野生则可高达 45～57m。目前已培育出斑叶、柱形和矮种栽培种。其中

加州栽培种包括"帕洛阿托""勃艮第"和"节庆"。栽培种中最亮丽夺目的品种为金黄叶缘的金边北美鹅掌楸。

北美鹅掌楸

栽培：北美鹅掌楸移栽需要小心操作。选择容器苗或土球幼苗，于晚冬或初春将其移栽至肥沃、湿润、微酸性的壤质深土中，土壤 pH 值以 5.5～6.5 为宜。鹅掌楸喜全日照。

植物档案
北美鹅掌楸

学名：Liriodendron tulipifera。**科**：木兰科。**植株类型**：大型落叶庭荫树乔木。**用途**：高大庭荫树；景观孤植树；观赏春花和秋叶。**高度**：人工栽培下21～27m；野生环境下45～57m。**生长速度**：快速。**生长习性及形态特征**：金字塔形幼树；成树为椭圆到圆润形树冠。**花期**：五月到六月。**花朵**：硕大，形似郁金香；黄绿色花朵上带有橙色纹绿；生于高枝。**果实**：留存枝头时间久；5～7.6cm长的球果；秋季变为棕色。**叶**：长宽均为7.6～20cm；带有2～4个叶垂且顶端为方形；夏季为亮绿色，秋季变为黄或金黄。**土壤条件及酸碱度**：排水力良好；pH5.5～6.5。**光照及水分**：全日照或斑驳日照；持续湿润。**修剪季节**：冬季。

北美鹅掌楸

海棠

"雪云"海棠

海<ruby>棠</ruby>树是极具观赏价值的春季观花果树。苹果属乔木中果实小于 5cm 的果树统称为海棠树。海棠通常较娇小且枝展宽阔，春季全树绽放小巧美丽且时有芳香的白色苹果花。花朵单瓣或重瓣，从洁白到绯红，多彩绚丽。秋季结出的果实或绯红，或鲜黄，或亮橙，挂在枝头数月不落，吸引鸟儿来觅食。海棠树作为蔷薇科的一员，与同科蔷薇花容易遇到的问题类似，并且易患火疫病、黑星病和桧胶锈病。选购海棠树时应购买抗病性强的新杂交品种。其中，湖北海棠和多花海棠就是非常美丽的两种抗病品种。湖北海棠高约 6m，其魔杖一般的树枝、飘香四溢的花朵和青黄或青红色的果实，共同组成一幅如诗如画的美景。多花海棠成树约 5.4m，枝展可达 7.5m，在数九寒冬中依然能展现其曼妙的剪影。多花海棠花苞为粉色到红色，绽放后为

萨金海棠

白色花朵；果实则为黄色偏红。萨金海棠的栽培种"蒂娜"身形袖珍，只有 1.5m 高，其红色花苞宿存时间久，开花后为白色。花开过后便会结出通红光亮的果实。

以下为既美观又抗病的栽培种：红花"亚当"

"多萝西"海棠

海棠；粉苞白花、鲜艳夺目的当娜海棠；灌木形态、成树高约 6m、外形端庄，且粉苞白花的"玛丽·波特"；"斯普伦格教授"海棠。

栽培：早春或秋季时，宜将容器苗或土球幼苗移栽至 pH 值为 5.0～6.5 的重壤土中。在六月初之前完成所有修剪工作。海棠树与北美圆柏之间至少应保持 150m 的距离，以防止桧胶锈病的传播。

植物档案
观花海棠

学名：Malus "Donald Wyman"。**科**：蔷薇科。**植株类型**：小型落叶观花乔木。**用途**：亮眼春花以及多彩且留存时间长久的秋果；草坪孤植树；灌木花境；小型庭荫树。**高度**：高至 6m。**生长速度**：中速。**生长习性及形态特征**：圆润形。**花期**：春季。**花朵**：花芽为柔粉色，开花为白色。**果实**：亮红色梨果。**叶**：绿色且富有光泽。**土壤条件及酸碱度**：排水力良好；pH5.0～7.0。**光照及水分**：全日照；持续湿润。**修剪季节**：花期过后。

"当娜"海棠

多花蓝果树

多花蓝果树树形挺拔对称，为美国东部原生庭荫树。其秋叶之明丽堪比最优质的红花槭，即使种在南方也依旧美艳动人。多花蓝果树的革质树叶光泽感十足，在夏季为绿色，九月份则变为耀眼的金黄，之后再变为橙色、绯红色和紫色。冬季时节，其金字塔形的树冠以及底端微微下垂的枝条分外亮眼鲜明，而被粗大的脊状突起分隔开来的深碳灰色的树皮也会映入人的眼帘。多花蓝果树春季开花，白绿色的花朵可以分泌大量的花蜜供蜜蜂采集并酿出香甜的蜂蜜。其果实深受熊和其他野生动物的喜爱。

人工栽培的多花果树栽培种可长至9～15m，但是野生状态下要高大得多，近水生长更是如此。其拉丁学名中的"Nyssa"来源于希腊语，意为"水之仙子"。多花蓝果树为低地的植物，多生于废弃荒地、干旱山岭或湿冷的沼泽地旁。生长范围从北美东部的缅因州到加拿大

秋季的多花蓝果树结出了浆果

的安大略省南部，再从佛罗里达州到得克萨斯州东部。多花蓝果树最适合种植在大型园景中，或依池塘溪流而种。多花蓝果树可以耐受城市污染。

栽培：多花蓝果树生有长长的直根，因此不宜移栽。早春时，挑选生命力最旺盛的容器幼苗并将其移栽到全日照或半日照的环境中。多花蓝果树最喜潮湿、排水力良好，且 pH5.5 ～ 6.5 的微酸性土壤，但也可以适应重黏土。若在其耐寒范围的最北部地区种植多花蓝果树，应用粗麻布对幼苗施以保护，以免其被冬日寒风吹坏。如需修剪多花蓝果树，应选择晚秋时间。

多花蓝果树

植物档案
多花蓝果树

学名：Nyssa sylvatica。**科：**蓝果树科。**植株类型：**中等尺寸落叶的庭荫乔木。**用途：**庭荫树、酿蜂蜜、观赏秋叶颜色、打造野态景观。**高度：**人工栽培下9～15m；野生环境下到30m。**生长速度：**慢速到中速。**生长习性及形态特征：**金字塔形幼树；平枝茂密。**花期：**春季。**花朵：**由1.3cm或更小的白绿色小花组成的不显眼花簇。**果实：**1.3cm或更小的不显眼蓝黑色核果。**叶：**尖椭圆形，5～12.7cm长；夏季为富有光泽的墨绿色，秋季变为黄色、橙色、猩红色和紫色。**土壤条件及酸碱度：**排水力良好；pH5.5～6.5。**光照及水分：**全日照或半阴；持续湿润。**修剪季节：**晚秋。

秋日多花蓝果树

黄檗

黄檗是非常优美的中型庭荫树，其伟岸的身姿可以与成年栎树媲美。黄檗在冬季的园林中尤显气势逼人。人工栽培的黄檗可长至 7.5 ～ 12m 高。黄檗树干短而粗壮，枝展宽大，树冠为开心形，灰棕色的木栓质树皮及其表面深深的裂纹十分惹人注目。黄檗树叶为革质且富有光泽，夏季为墨绿色，秋季变成迷人的深黄色或铜黄色。晚春时节，树上成簇开放不起眼的黄色小花，待树叶掉落之后，雌树的树冠便挂满了一簇簇 1.3cm 大小的蓝黑色果实。果实会随着生长季逐渐萎缩干瘪，最终形态很像莓果干。黄檗的果实美丽，但是长势比较杂乱。苗圃一般只售卖一种不会结果的雄树栽培种，名为"阳刚"。此栽培种树皮多纹理，外观英俊挺拔，且树冠中心要比原生种更为开阔。

黄檗属植物原生于亚洲，只有在中国东北部和日本才能找到野生黄檗的身影。黄檗是北美唯一广泛栽种的黄檗属植物，尽管黄檗可在城市环境正常生长，但最好还是在空旷敞亮的开放空间种植，以达到最好的视觉效果。

栽培：早春或秋季移栽容器苗或土球幼苗。黄檗可以适应多种土壤条件，可适应 pH 值为 5.5 ～ 7.5 的酸性或碱性土壤。黄檗属植物耐干旱，但在水分充足且全日照的环境下生长最好。

秋季黄檗

黄檗

雌株黄檗

植物档案
黄檗

学名：Phellodendron amurense。**科**：芸香科。**植株类型**：小型到中等尺寸落叶乔木。**用途**：提供些许荫凉；冬日亮点；提升园林植株存在感。**高度**：人工栽培下7.5～12m。**生长速度**：中速。**生长习性及形态特征**：短小粗壮的树干以及枝展宽阔的圆球形树冠。**花期**：五月到六月。**花朵**：不显眼的黄绿色花朵形成5～8.9cm的圆锥花序。**果实**：留存枝头时间久的浆果类果实；直径约1.3～1.5cm；生于雌树。**叶**：由5～13片长度为6～11cm的小叶组成的叶柄；小叶形状为椭圆形或柳叶形；夏季为浓重的墨绿色，秋季变为黄色或古铜黄。**土壤条件及酸碱度**：可适应多种土壤；pH5.5～7.5。**光照及水分**：全日照、耐寒。**修剪季节**：冬季。

云杉

云杉属乔木是松柏植物中最广受欢迎的乔木。高大伟岸的云杉会分泌出一种沥青般的黑色黏稠物质，曾被古人用来为船舶填隙防水。正因如此，云杉属才获得"Picea"的拉丁学名，意为"黏稠的黑色物质"。云杉属乔木的其他特征还包括长寿、革质黄褐色球果，以及短小坚硬且尖端锋利的浅绿色、深绿色、蓝色或黄色针叶。有些云杉属乔木在成树后底端树枝会掉落。

目前北半球总共生长着40种云杉属植物，其中有5种尺寸为乔木大小，可以种植在家庭花园中作为基础植物和屏障，冬季时还可以为落叶乔灌木提供绿意盎然的背景。人工栽培的云杉可以长到12～18m。市面上也可以买到灌木形态的云杉品种。

种植最为广泛的云杉为欧洲

欧洲云杉

矮种欧洲云杉

云杉，又名挪威云杉。此种云杉可耐受的温度范围较广，并在日光或荫蔽区域都可正常生长。得益于其快速生长的特点，欧洲云杉很适合作为秋季高屏障或防风树。其针叶嫩芽现已被广泛用于制作云杉啤酒。白云杉与欧洲云杉一样耐寒，对生长环境要求也不苛刻。美国中西部地区和北部湖岸沿岸将白云杉用作防风树。欧洲云杉和白云杉都需要充足的生长空间，成树最终可达18m高，枝展可达6～9m。

生长缓慢的东方云杉树皮呈剥落状，整体树形对称优雅，十分美观。东方云杉主要用于大型规则式庭院的造景。若想为小户型挑选一株云杉，为花园增添一抹生机盎然的鲜绿，那么可以选择4.5～6m高、生长缓慢的栽培种"纤小"东方云杉。塞尔维亚云杉身形挺拔优雅，树冠纤窄，且生长速度缓慢，是非常理想的大型景观孤植树种。塞尔维亚云杉的短枝如瀑

蓝粉云杉

矮种阿尔伯云杉

白云杉

"蒙特马利"矮种云杉

"胡普斯"蓝粉云杉

布一般垂泻而下，前端又向上回卷，为其带来一种雄起赳气昂昂之感。塞尔维亚云杉叶尖扁平，形似铁杉叶，这在云杉属乔木中十分罕见。塞尔维亚云杉的另一不凡之处在于其可以耐受 pH5.0 ～ 7.0 的酸性土壤。云杉品种中颜色最蓝的一种当数"粉绿"蓝粉云杉，其树形高大对称，庄重感十足。蓝粉云杉原生于落基山高处，其柔美的蓝灰色叶片透着一层银色光泽，随着树木成熟也逐渐变成银灰色到蓝绿色。蓝粉云杉成树可达 9 ～ 15m，寿命长达 600 ～ 800 年。其栽培种"狐尾"具有更强的耐热性。

目前已培育出了外观美丽的灌木云杉品种，主要用于假山花园造景或作为主景植物。矮种欧洲云杉栽培种中，"鸟巢"云杉低于 0.9m。锥形云杉，又名矮种阿尔伯塔云杉，树形为美丽规整的圆锥形，全树披满柔软的浅绿色松针。该品种生长缓慢，经

过 20 ～ 35 年 可 达 3 ～ 3.6m 高。圆锥树形的蓝绿色"矮小"云杉是塞尔维亚云杉的矮型变种，该树生长速度缓慢，成树可达 2.1 ～ 2.7m。"胖阿尔伯塔"云杉则为蓝粉云杉的矮型变种，成树 3 ～ 4.5m 高，是非常理想的圣诞树之选。球状蓝粉云杉生长缓慢，树冠顶端平整，最高长至 0.9 ～ 1.5m。

栽 培：云杉根系浅且向四周延伸，早春或秋季，宜对土球幼苗或容器苗移栽。云杉在通风开阔的环境下长势最好。土壤以湿润、排水力良好的腐殖土为宜。云杉通常需要在 pH5.0 ～ 6.0 的酸性土壤中生长。

植物档案
塞尔维亚云杉

学名：*Picea omorika*。科：松科。植株类型：常绿松柏。用途：背景植物；冬季观赏色彩；屏障；防风树。高度：人工栽培下15～18m。生长速度：慢速。生长习性及形态特征：优雅美观的圆柱形；垂枝。果实：紫色长方形球果，熟时为肉桂棕色。叶：扁平的墨绿色针叶，叶底为白色。土壤条件及酸碱度：排水力良好的腐殖土；pH5.0～6.0。光照及水分：全日照；湿润土壤。

塞尔维亚云杉

松树

松属植物因其与众不同的针叶而很好与其他松柏植物区分开来。松属植物的针叶细软，长度从6.3～30cm不等，常两针到五针一束生长。松属植物极具多样性，目前已发现90种原生树种，遍布北极圈、中美洲、欧洲、亚洲和北非。松属植物普遍十分长寿，某些刺果松目前已有4000～5000岁高龄，很可能是地球上现存寿命最长的乔木。人们有时会将刺果松与长寿松混淆。大多数观赏型松树都比云杉或冷杉易栽种，但只有几种观赏型松树可以耐受城市生长环境。

外形最美观的松属植物当数原生于美国和加拿大的北美乔松。北美乔松树干笔直，蓝绿色的松针细长而柔软，搭配15～20cm的迷人球果，为整体增添了一丝尊贵之感。北美乔松颜色美丽，质感不凡，人工栽培下能够迅速长至15～24m，无论是用作树篱、防风树、优质屏障，还是孤植造景，北美乔松都是极佳的选择。其垂枝变种"垂樱"的树枝低低垂下，轻轻扫过地面。另一栽培种为柱形北美乔松。

在所有可以耐受城市环境的松属植物中，唯有

欧洲黑松　　　　　　　　　　　　　　瑞士五针松

白皮松的树皮会剥落。幼年白松树皮为柔和的绿色、白色和棕色相间，并笼着一层乳白的柔光，如同一幅流光溢彩的镶嵌艺术画；待其长为成树后，树皮的斑斓色彩也逐渐褪去，而变为美丽的石灰白。在种植白皮松时，要选择一个适当的种植地点，比如高阶露台、楼宇一隅等，让其美丽的树皮得到充分地展示。白皮松多干丛生，成树高达9～15m，重冰雪会对树体造成伤害。欧洲黑松也可适应城市的生长环境，而且可以在多种土壤环境下生存，包括高pH值的土壤；除此之外，欧洲黑松也耐旱、耐高温。其墨绿色的松针比大多数松属植物都要坚硬。欧洲黑松树冠为金字塔形，人工栽培下的成树高达15～18m，且随着树龄的增长而越发充满魅力。

有些松树可以抵抗海边环境的盐和风暴，欧洲黑松就是其中之一。日本黑松也有此种抗性，其成树可长至9m高，松针为墨绿色，树皮质感粗糙呈鳞片状。耐盐性良好的松属植物当数长有蓝绿色松针的

日本黑松

矮赤松

垂枝北美乔松

瑞士五针松最为迷人。该树种外表俊秀，树冠纤窄但枝繁叶茂。瑞士五针松生长速度缓慢，最高可长至 10.5 ～ 12m。

北美乔松

刺果松

若想用松树打造自然野态景观，有两种北美原生的松树可以选择。它们都可在与原生环境气候类似的地区茁壮生长。其中一种为生长于美国加州、亚利桑那州和墨西哥的墨西哥果松。另一种为软叶五针松。矮种松树可为假山花园、低矮花境、庭院盆栽以及灌木群增添层次感和色彩。松树中最著名的矮型栽培种为高 0.6 ～ 1.8m 的矮赤松。矮赤松墨绿色的松针成束而生，美观异常。矮赤松在海岸线可以良好生长，其圆形变种"拖把"每年长高 2.5 ～ 5cm，最终可达 0.9m。"蓝粉矮小"欧洲赤松为中型尺寸。该栽培种长势缓慢，最终可达 1.8 ～ 2.4m。赤松的变种千头密枝赤松可长至 3.6m，其树冠形似雨伞，树皮橙色鳞状，十分引人注目。

栽培：早春时移栽容器幼苗。松树可以耐受多种土壤环境，但在排水力良好、pH 值为 5.0 ～ 6.0 的微酸性砂质土中长势最好。为促进茂密生枝或改变树形，应在六月份苗木长大之后，将所有新的松芽剪掉一半长度。

白皮松

观花李树、杏树和樱树

紫叶矮樱

"雷云"樱桃李

李属植物中一些广受欢迎的观赏树种称 为观花果树。与一般的桃树、杏树、樱树或李子树不同，观花果树的主要培育价值在于其花，而并非果实。观花果树的果实很小，会吸引鸟儿前来觅食，因此也不会给果树外观造成杂乱的影响。观花果树通常为中小型乔木，在生长空间充足且悉心养护的前提下可以抵抗城市生长的环境压力。但是作为蔷薇科中的一属，李属植物的命运与蔷薇花一样较为脆弱，易受同样的病虫害侵扰。因此要选择抗性良好的栽培种进行种植。观花李树是李属观赏植物中花期最早的一种，也是最为耐寒的一种。三月或四月时，观花李树的枝条上就已覆满了娇小嫩粉的单瓣花——大多栽培种李树都为先花后叶。紫叶李树是最为炫彩夺目的冠花果种之一。长有紫叶的李树是非常优质的景观树。樱桃李的栽培种"雷云"

关山樱

高达 5.4m，开粉色花朵。在整个生长季，"雷云"都会一直保持其深邃饱满的绚丽颜色。另一栽培种"维苏威火山"耐寒、耐高温，可以长至 9m，在加州十分受欢迎。紫叶矮樱可长至 2.1m，通常当做树篱种植。紫叶矮樱的叶片在整个夏季都呈现鲜艳的紫色，粉白色的花朵抽叶后盛开，幽幽花香沁人心脾。

随李树之后开花的就是樱桃树了，樱桃树在四月和五月开花。如果花园空间只够栽种一棵观花李属植物，那么垂枝幽幽的樱树往往是不二之选。垂枝大叶早樱花期较早，开单瓣粉花。高 7.5～9m 的垂枝重瓣玫粉大叶早樱在四月末花开最盛，届时全树如同一把粉红色的大伞。栽培种十月樱为垂枝重瓣樱树，花为粉色，最高可长至 9m。秋季天气较暖时，十月樱会突然开花，而到了春季更是花开二度，且更为绚丽壮观。大叶早樱的另一栽培种抗性很强，寿命长达 30～50 年。

每年三月，华盛顿特区潮汐湖畔的东京樱花便会竞相开放。东京樱花高约 12～15m，虽然生长在

关山樱

东京樱花

麦李

其耐寒范围内，但晚冬时的暴风雪偶尔会干扰原本春花正盛的怡人美景。最优质的栽培种当数"曙樱"，曙樱喜微酸性土壤且能适应半阴环境。其花为粉色，带有迷人的香气。除此之外，还可找到外形优雅的垂枝东京樱花。栽培种"艾文斯"也拥有垂坠的枝条，枝上开满洁白芳香的花朵。杂交种雪泉樱也为开白花的垂枝樱树。雪泉樱高仅 3.6m，外形姣好。

有些樱树具有色彩斑斓的秋叶，大山樱就是其中之一。大山樱的树叶在秋季会变为古铜色、橙色以及红色，与其美丽动人的肉桂色和栗棕色树皮交相辉映。大山樱是十分长寿的树种，其身形英挺笔直，高度可达 15m。早春时节，其四向伸展的枝条上会挂满一簇一簇硕大艳丽的单瓣深粉色花朵。其柱形栽培种 Columnaris 外形俊秀挺拔，很适合作为行道树种在街道两旁。

关山樱在重瓣樱树中人气最高。该树十分长寿，树冠呈花瓶形，高度和枝展均可达到 6m。关山樱花开繁盛，大量的粉色重瓣花形成一个个花簇挂于枝头。其古铜色的嫩叶会随花开而同时生长。栽培种天野川樱拥有圆柱形树形，开淡粉色重瓣花。

生命力顽强的麦李是生长缓慢的矮型树种，经常作为盆栽微型景观或者灌木种植。麦李成树仅 1.2 ～ 1.5m 高。其花期为四月或五月，届时开白色或粉色重瓣花。

栽培：早春或初秋时，将容器苗或土球幼苗移栽至排水力良好，且 pH 值为 6.0 ～ 7.5 的砂壤土中，观花李属植物在全日照下花开最盛，但也可耐受部分荫蔽环境。在花期过后进行修剪。

垂枝重瓣大叶早樱

植物档案
垂枝重瓣玫粉大叶早樱

学名：Prunus subhirtella "Pendula Plena Rosea"。
科：蔷薇科。
植株类型：小型落叶观花乔木。
用途：亮眼春花；草坪孤植树；提供些许荫蔽。
高度：7.5～9m。
生长速度：慢速到中速。
生长习性及形态特征：枝展宽阔且为垂枝。
花期：春季。
花朵：深粉色花芽成簇而生，盛放后为淡粉色重瓣花久开不败。
果实：小型黑色果实。
叶：初为淡绿色，秋季变为亮金色。
土壤条件及酸碱度：排水力良好的砂壤上；pH6.0～7.5。
光照及水分：全日照；干湿适中或干燥土壤。
修剪季节：花期过后立即修剪。

垂枝重瓣玫粉大叶早樱

豆梨
别称"花梨"

"布莱德福德"豆梨

"布莱德福德"豆梨

豆梨为梨属植物中专为更美观的花朵而培育出的观赏型变种。豆梨的果实很小，只能供鸟儿食用。以果实为主要种植价值的梨树都属于西洋梨。

大多数观赏型梨树都是豆梨的栽培种，其中最知名的为"布莱德福德"豆梨。该栽培种在观花果树中属大型，每到早春或春季中期便会开满一簇一簇的白色小花，令人眼花缭乱。其树叶茂密，光泽感十足，秋季会变为优雅迷人的酒红色，并且直到十一月都还会留存在枝头。其娇小的果实为赤褐色。该种梨树可耐受城市环境压力，而且抗梨火疫病。"布莱德福德"豆梨曾是非常受欢迎的行道树和公园树。但是，这种树有一个非常大的基因缺陷：其树枝交错群生、缠绕紧密，且树干较短。若不趁幼树时期频繁修剪，其树枝会越长越重，最终在强风或大雪的施压下，将树干压裂成两半。尽管有些植株得以逃过裂开的厄运而顺利长大，但大多数"布莱德福德"梨树都难以承受其过于紧密的枝形，还未进入生命的第二个十年就走向了自我毁灭的道路。

有一些新型栽培种可以避免这样的惨剧发生。"资本"彩叶豆梨就是其中之一。

上左图为"布莱德福德"豆梨紧密生长的枝条。此种枝形是该树种的致命伤。上右图为"红塔"豆梨的枝形。可以看出，后者的树形结构更为开阔。

高达 9.6m 的"资本"树形为柱形，适合较为狭小的种植空间。其叶片于秋季变为紫铜色，且能在整个生长季都维持其鲜艳的色彩。其他改良版栽培种还包括"克利夫兰精选""红塔"和身形较窄的"白宫"。

豆梨对于小型的城市园林来说可能体型过大，但对于一般郊区景观来说却是恰到好处。购买时要挑选抗病性较好的品种。

外形姣好的楸子梨是梨属植物中耐寒性最好的树种，也是最不易患火烧病的树种。楸子梨枝展宽阔，成树高达 9 ～ 12m。其花苞略粉，盛放后为白色。其在开花后结果，果实约 2.5 ～ 3.8cm 大小，味微甜，长势杂乱。

栽培：早春时，将容器苗或土球苗移栽至排水力良好的壤质土中。梨树在全日照或半阴环境均可开花；植株耐干旱，对土壤酸碱性的适应力也较强。

"秋焰"豆梨的果实

春季、秋季（右上角小图）的"布莱德福德"豆梨

豆梨

植物档案
豆梨（花梨）

学名：Pyrus calleryana "Redspire"。**科**：蔷薇科。**植株类型**：中等尺寸落叶观花乔木。**用途**：春花亮眼；秋叶颜色鲜艳；行道树；草坪孤植树。**高度**：9～10.5m。**生长速度**：中速。**生长习性及形态特征**：纤窄的金字塔形。**花期**：早春。**花朵**：硕大的白花花簇。**叶**：初为绿色，秋季变为鲜红或紫红。**土壤条件及酸碱度**：排水力良好；pH5.0～6.5。**光照及水分**：全日照或斑驳日照；中度湿润。**修剪季节**：花期过后。

"红塔"豆梨

栎树

栎属乔木高阔挺拔，器宇轩昂，且十分长寿，是非常优质的庭荫树。该属树木原生于温带地区，是非常重要的硬木来源。栎属植物幼树外观对称美丽，成树则高大伟岸，是所有园林造景树中最受欢迎的选择之一。大多数栎树都可超过 15m 高。其坚果为外壳坚硬的橡子，颇受野生动物喜爱。大多数观赏型栎树都原产于北美洲。墨西哥和美国南部地区的原生栎树为常绿乔木，北部地区的则为落叶乔木，秋叶十分明艳动人。

外形靓丽的红槲栎为落叶乔木，高约 18～21m。红槲栎生长速度很快，且易于移栽，因此成为最受人欢迎的栎树。红槲栎原生于北美东北部和中部地区。其幼叶呈红铜色，秋季则变为深浅不一的猩红或栗色。

沼生栎外形优雅别致，树干底端的枝条可以触到地面。沼生栎长有广阔延展的底部和中部枝条，且能很快蹿长到 22.5m 高，因此需要为其留有非常充足的生长空间。其叶片有细小裂口，秋季变为艳红色。沼生栎土壤环境以湿润微酸为宜，是十分优质的大型园林孤植树种。沼生栎原生于美国中西部和中部地区。如果种植地点在更南部地区且土壤环境更为潮湿，可以选择高约 24m 的舒玛栎。舒玛栎的秋叶呈橙红色，让人十分赏心悦目。

对于城市景观来说，抗污染能力强的柳叶栎是不错的选择。柳叶栎的叶片与大多数栎树不同，形似柳

柳叶栎

双色栎的橡果

叶，秋季先变黄，继而变为赤褐色。柳叶栎生长迅速，在人工栽培下每年可长高 0.6m，最终达到 21m 高。柳叶栎适应性极强，即使在排水力差的黏土中也能正常生长。

弗吉尼亚栎如柳叶栎一样，也长有形似柳叶的叶片。长寿的弗吉尼亚栎树形高大茂盛，成树达 15～24m 高，横向枝粗壮且展幅很宽。该树只在春季进入新一轮生长前才会落叶。若想在气候温暖的加州沿海山谷找到可以与弗吉尼亚栎媲美的栎树，则定非加州海岸栎莫属。加州海岸栎为当地原生乡土树，其叶常绿，形似冬青。加州海岸栎的枝条悠然延展，一枝一叶尤显诗情画意。

气势恢宏的美国白栎在野生环境下可长至 45m，但若为人工栽培，则只能长至 21m 左右。其枝展宽阔，

大果栎

秋季美国白栎

秋日中的栎树：左侧为沼生栎，右侧为猩红栎

麻栎

秋季的沼生栎

弗吉尼亚栎

鲜少分叉，勾勒出令人驻足的迷人线条。其叶在夏季呈蓝绿色，秋季则呈棕色或酒红色，并且冬日过半都还留存在枝头。

　　大果栎高达 21～24m，种在美国中西部公园和开阔空地中最能凸显其伟岸雄美。枝条木栓质，可作庭荫树打造似诗如画的美景。大果栎不易移栽，但只要顺利扎根，便可耐受城市生长压力，对土壤的适应性也会增强，可在潮湿或干燥的碱性土中茁壮成长。双色栎可长出优美的自然野态，其木质坚硬，片状剥落的树皮是双色栎的最大特点。

　　麻栎高约 10.5～12m，是栎属乔木中少有的不足 15m 的树种。麻栎长势迅猛，叶片狭窄有光泽，叶缘有锯齿，于早春生于枝头。晚秋时节，麻栎的叶片会变成黄色或金棕色，直到入冬才会掉落。

　　名声显赫的夏栎高达 12～18m，枝展宽阔，树冠为顶端宽大的开心形，树干短小粗壮。其秋叶颜色单调平淡，且幼叶有毒，会危害牛等家畜。夏栎的柱形栽培种 Fastigiata 高达 18m，是为庭院景观增添垂直视觉元素的极佳之选。

　　栽培：将尚处于休眠期的容器苗或土球栎树幼苗移栽至排水力良好的微酸性土壤中，移栽过程中要小心处理根团。栎树可以适应很多不同的土壤环境，且在全日照下长势最好。

植物档案
红槲栎

学名：Quercus rubra。**科**：壳斗科。**植株类型**：大型落叶庭荫乔木。**用途**：草坪树；大型园林景观树；行道树。**高度**：18～21m。**生长速度**：快速。**生长习性及形态特征**：树形圆润。**果实**：橡果。**叶**：初为古铜和红色相间，后变为猩红色和栗红色。**土壤条件及酸碱度**：排水力良好的微酸性土壤；避免土壤 pH 值过高。**光照及水分**：全日照；中度干燥到干燥土壤。**修剪季节**：休眠期。

秋季的红槲栎

柳树

柳属乔灌木喜湿，其树枝柔韧似长鞭，叶狭长似骑兵枪。柳树生长速度很快，常依溪流河堤而种，可起到固土的作用；也可将其种于郊区庭院以打造轻盈通透的绿植屏障。除了优雅的外形和良好的亲水性以外，柳树还能为园林景观带来四时不同的观赏亮点。柳树于早春开始萌生新叶，而到了秋季时分，许多柳属树种的叶片都会变成明晃晃的金黄色。

垂柳是最能够将垂枝植物的优雅别致展现得淋漓尽致的树种。种在池塘边或湖畔的垂柳倒映水面，

北美原生猫柳

微风拂过时荡起层层涟漪，碧波清影，雅致异常。垂柳雌雄异株，花或与叶同时开放。有些雄性灌木柳树会长出很长的柔荑花序，这类柳树称为猫柳。北美原生的猫柳于生长季早期就长出迷人的花苞。有些市面上售卖的猫柳为黄花柳。黄花柳生有丝绒般银灰色柔荑花序。

外形优美的垂柳高约 9～12m，红棕色的枝条垂落而下，轻抚地面。瑞典植物学家卡尔·林奈（Carl Linnaeus）以为垂柳源自于巴比伦，因此在十八世纪时将其命名为"巴比伦"垂柳。但之后的研究显示，垂柳其实原产自中国。

高达 15～21m 的"金丝"，亦称丘柳，或金枝垂白柳。该树种的小枝在冬季为明艳耀眼的橙黄色。其栽培种波士顿白柳枝条为美丽的暗橘色。早春时节，这些柳树都笼罩在一层朦胧的金色辉光中。绢毛细柳叶底为银色，微风吹拂时如同羽毛一般轻轻扇动。

垂柳

栽培：柳树宜于春季生根，可以耐受干燥土壤。但为使其茁壮成长，需保持土壤湿润。栽种柳树时应避开地下水管，以防其损坏侵蚀管道。柳树在全日照环境下长势最好，但也可耐受半阴环境。柳树对土壤酸碱性适应能力较强，在 pH 值为 5.5～7.5 的土壤中都能生存。研究表明，线虫害会导致柳树根系发育不良，从而加大柳树被暴风雨吹倒的可能性。

秋季的"金丝"白柳

植物档案
"金丝"白柳

学名：Salix alba "Tristis"。**科**：杨柳科。**植株类型**：优雅的垂枝落叶乔木。**用途**：种于（或靠近）湿地；草坪孤植树。**高度**：15～21m。**生长速度**：快速。**生长习性及形态特征**：圆球形树冠；树枝垂坠，拂扫地面。**花期**：早春。**花朵**：金黄色柔荑花序。**果实**：蒴果。**叶**：初为鲜绿，秋季变为金黄。**土壤条件及酸碱度**：排水力良好；pH5.5～7.5。**光照及水分**：全日照或斑驳日照；持续湿润。**修剪季节**：夏季或秋季。

苦参（槐）

国槐和侧花槐为苦参属植物，且均为优质美观、易栽好养、豆形小花娇俏迷人的乔木树种。两者之中较为高大、花期较晚的为国槐。

在七月或八月的数周时间内，国槐会全树覆盖硕大鲜艳、长达 0.3m 的直立圆锥花序。乳白色的豆形小花争相绽放，芬芳扑鼻。该树十月结果，黄绿色翅果成簇而生，挂在枝头摇摇欲坠，仿佛无数浅黄绿色珠子串成的瀑布一般，其美丽景致完全不输开花之时。国槐在树龄 10 ~ 25 岁时开始开花，但其栽培种"摄政"大概在长至第 6 ~ 8 年时即可开花。"摄政"的叶片富有光泽，树皮呈灰色，可迅速蹿长至 12 ~ 15m。其树冠多为椭圆形，枝展宽广，能够提供大片阴凉。该树种耐旱、耐高温、耐城市环境压力，是非常受欢迎的城市公园树。若种植于小型园景中，则选择其窄型栽培种"普林斯顿直立"

侧花槐

更为合适。其垂枝变种"垂樱"鲜少开花，但依旧优美怡人。

侧花槐是原生于北美西南部地区的常绿槐树。该树种可以长至 7.5 ~ 10.5m，是当地非常优质的小型观赏型乔木或大型观赏灌木。其新叶于三月份和四月份长出枝梢，蓝紫色的花朵也随之盛放，并伴有葡萄的

国槐

清甜香味。侧花槐的果实为干荚果，长 2.5 ~ 18cm。荚果内红色的种子含有毒性生物碱，有麻醉效果。

栽培： 春季中期，将休眠期的国槐或侧花槐容器苗或土球幼苗移栽至园林中。这两种槐树最喜全日照，但可耐受半阴环境。国槐和侧花槐在排水力良好的壤质土中长势最好，但在很多其他土壤环境中也能茁壮生长。

植物档案
垂枝国槐

学名： Sophora japonica "Pendula"。**科：** 豆科。**植株类型：** 落叶庭荫乔木。**用途：** 主景植物；秋季果实美丽。**高度：** 12~15m。**生长速度：** 快速。**生长习性及形态特征：** 直立，枝展开阔，树冠为宽大的圆球形。**花期：** 七八月之间的数周。**花朵：** 1.3cm大、淡黄色到白绿色之间的彤似豌豆花的花朵形成30cm长的尾状花序；带有清香。**果实：** 5~10cm长的黄绿色带翅荚果，形似串珠。**叶：** 鲜绿到墨绿；长在15~25cm长的小枝上，由7~17片2.5~5cm长的小叶组成。**土壤条件及酸碱度：** 排水力良好；酸碱度耐受范围较广。**光照及水分：** 全日照或斑驳日照；持续湿润。**修剪季节：** 秋季。

垂枝国槐

花楸

花楸属植物拥有鲜绿色的春叶，夏季变为光泽感十足的墨绿色，秋季则为黄、橙、红、棕等流光溢彩之色。在斑斓秋叶的映衬下，其鲜亮的橙红色果实显得愈发娇艳闪耀。这些果实既是花楸属植物最大的观赏亮点，也可为野生动物在"弹尽粮绝"时起到充饥的作用。由于其与蔷薇同属蔷薇科，因此二者都易受钻心虫、火疫病及其他问题困扰，并在受到环境压力（如空气污染）时尤为严重。

花楸属植物最适合种在开阔空旷的斜坡山脊上以野态自然生长，通常种植于斜坡或山岭之上。在购买花楸时应挑选能够抵抗上述问题的品种。

水榆花楸是最不易受钻心虫侵害的花楸树种。水榆花楸原产于韩国，成树高为 12 ～ 15m。其花期为五月，届时全树开满扁平的白色花簇。果实为猩红或橙色，直径约 0.6 ～ 0.9cm。花楸属植物普遍为复叶，但水榆花楸较为与众不同，其叶片均为单叶。水榆花楸树皮似欧洲水青冈，呈深灰色，且质地光滑，可为肃杀的冬日提供些许色彩。

欧亚花楸

欧亚花楸是花楸属植物中最耐寒的树种，别名为"罗文树"，可长至 13.5m。欧亚花楸果实为鲜红色，秋叶色彩斑斓。由于夏天高温易诱发火疫病，因此最好只将其种在凉爽地区。

栽培：早春时，将容器苗或土球苗移栽至排水力良好的壤质土中，并确保全日照的环境。花楸可耐潮湿，但不耐都市环境。大多数花楸植物都最适应碱性土壤，但也可以耐受 pH5.0 ～ 7.0 的酸碱范围。

欧亚花楸

秋日的水榆花楸

紫茎

紫茎属植物为小型乔木或大型灌木。夏末时期，大多数植物的花期都已结束，而此时紫茎会开满一树山茶一般的小花。每到秋季，这些观赏型紫茎的叶片就会变为耀眼的橙色和橙红。冬季时，光滑的树皮便会剥落，形成灰、橙色和棕红色斑驳相间的图案，为冬日增添一抹迷人的色彩。紫茎属植物是非常理想的草坪树。但由于其不宜移栽，因此也为园林种植带来了不小难度。

夏紫茎是紫茎属植物中树皮最多彩的一种，但同时也是开花最小的一种。夏紫茎是外形优美的中小型乔木，高约 9 ～ 12m。其花形似山茶。为白色杯形，长约 6cm，花蕊中心长有很大的橙黄色花药，于 7 月绽放。其叶片在新生时为古铜色或紫色之间，夏季变为绿色，随天气转凉逐渐变成黄色、紫橙色以及红铜色。当枝条长粗至 5 ～ 7.6cm 时，夏紫茎的树皮便会剥落，露出一块块色彩夺目的肉桂、红灰及橙色底色。

高约 6 ～ 9m 的朝鲜紫茎更适合小型花园栽种，也更耐受夏季高温。朝鲜紫茎的花朵比夏紫茎更大、更平，花瓣边缘有波浪状曲线。其秋叶为红色或幽紫，树皮剥落，露出一条条泛有银光的肉桂或橙棕色内里。

秋日里的朝鲜紫茎

栽培：早春时，将处在休眠期的容器苗移栽至湿润、排水力好，且 pH 值为 4.5 ～ 5.5 的酸性腐殖土中。一旦种下，便不宜再次移动。紫茎属植物最喜全日照，但若生长在其耐寒范围的最南端，也可耐受些许荫蔽。紫茎苗木需要持续湿润的土壤环境，尤其是在移栽后的一两年应格外注意。

七月开花的夏紫茎

朝鲜紫茎

夏紫茎

安息香

野茉莉和玉玲花为观赏型安息香属植物，均来自日本，花时美丽动人。晚春时节，当大多数观花乔木花期过后，它们才会开花。六月时，野茉莉叶片繁茂的横枝上挂满了摇摇欲坠的花簇。野茉莉的花朵呈钟形，花蕊为黄色，略有清香。花瓣随花成熟而向后卷起，展露出色彩鲜艳的花蕊。全树盛花的野茉莉优美异常，让人赏心悦目。花后结灰色或白绿色蛋形果实，约1.3cm大。其夏叶为富有光泽的鲜绿色；秋季则变为黄色或红色。野茉莉为小乔木或大灌木，其成树可达6～9m，树冠宽大，可以为人遮阴纳凉。野茉莉光滑的灰棕色树皮和奇趣无限的树形让冬日的园林显得玩味十足。野茉莉可以种在庭院一角或灌木花境中，在半阴环境下尤显优美动人。垂枝野茉莉是其垂枝栽培种的一种，树高约

3.6m。此外还有一些开粉花的栽培种，如花色为清透嫩粉的"粉钟"。

玉玲花的芳香要比野茉莉浓郁很多，但却没有野茉莉受人欢迎，这是因为玉玲花的花朵部分受叶遮挡，其叶片在秋季也无灿烂色彩。玉玲花花期比野茉莉早，稍晚于山茱萸。

野茉莉

栽培：早春时，将容器苗或土球幼苗移栽入土，并在栽种后的前几年为其提供保护措施，以防强劲的寒风损伤苗木。野茉莉在湿润、排水力良好，且富含有机物质的微酸性土壤中长势最好，但也能耐受黏土。野茉莉在日光充足的环境下花开最盛，但也可耐些许荫蔽。

玉玲花

植物档案
野茉莉

学名：Styrax japonicum。**科**：安息香科。**植株类型**：小型落叶观花乔木。**用途**：非常美观可人的夏花；浅阴庭荫树；草坪孤植树；灌木花境。**高度**：6～9m。**生长速度**：慢速到中速。**生长习性及形态特征**：枝展宽阔的宽大树冠。**花期**：晚春。**花朵**：黄心白瓣的钟形小花形成垂坠于枝头的花簇；有清香。**果实**：小型椭圆形核果。**叶**：颜色鲜绿且富有光泽，极少数情况下会在秋季变黄色或红色。**土壤条件及酸碱度**：排水力良好、富含腐殖质的弱酸性土壤。**光照及水分**：全日照或斑驳日照；持续湿润。**修剪季节**：冬季。

野茉莉

崖柏

崖柏属乔木是中小型常绿乔木中最为优雅美丽的一类树木。其树形通常十分对称，枝繁叶茂，树冠为金字塔形，叶形似棕榈叶，碾碎后有芳香。崖柏属乔木生长缓慢，十分长寿，可耐反复修剪。若想为落叶乔木或观花灌木的背景增添突出的竖线条，那么崖柏属植物绝对是不二之选。 崖柏属植物可长至约 12 ~ 18m，但多数情况下在长到 3.6 ~ 4.5m 后就不再继续生长。崖柏属植物可当做乔木或灌木种植，并且可以购买到矮形栽培种。购买时应选扎根状况良好且冬季颜色优雅的栽培种。

树冠为圆柱形的北美香柏最高可长至 12 ~ 18m，但大多数情况下成树都低于 7.5m 高。北美香柏耐石灰岩土，为崖柏属植物少见特质。北美香柏的栽培种"翡翠"高约 3 ~ 4.5m，冬季叶色依旧明丽，同高约 4.5m 的栽培种"德尼"一样较耐高温。

侧柏可长至 5.4 ~ 7.5m 高，为小型乔木，树叶竖直排列，叶缘向外。其幼叶为草绿色，成熟后变为墨绿。侧柏有很多栽培种，其中"贝克"叶片鲜绿，耐旱性好；高 2.4m 左右的"蓝锥"则有着金字塔形

"翡翠"北美香柏

的树冠，树叶绿色，又隐约透着幽蓝；"弗鲁特兰"则生有墨绿色叶，树形为直立圆锥形。

北美乔柏树皮为肉桂色，其叶片色彩靓丽，即使在北方寒冬之中也不会枯黄。北美乔柏原生范围从美国加州北部到阿拉斯加州。其生长速度迅速，野生状态下可窜长至 60m，但在花园中最高也只达 9 ~ 15m。北美乔柏在空气潮湿的环境中可以良好生长，但不耐盐雾。"斑马"或"斯托纳姆金黄"等栽培种都拥有鲜黄怡人的叶色。

栽培：崖柏易于移栽。早春或秋季时，将容器苗或土球苗移栽至肥沃、湿润、排水力良好微酸性土壤中，并确保全日照的环境。崖柏类植物具有一定程度的耐阴性，但在荫蔽环境下无法茂盛生长，也便丧失了其最大的观赏价值。

北美乔柏

植物档案
"翡翠"北美香柏

学名：Thuja occidentalis "Emerald"。**科**：柏科。**植株类型**：中等尺寸常绿松柏。**用途**：防风树；屏障；树篱；规则式庭院孤植树。**高度**：3~4.5m。**生长速度**：慢速。**生长习性及形态特征**：纤窄的金字塔形；枝叶茂密。**花朵**：不显眼。**果实**：浅棕色球果。**叶**：全年都为鲜艳的翡翠绿色。**土壤条件及酸碱度**：排水力良好、肥沃的微酸性土壤，但也可以耐受石灰岩土。**光照及水分**：全日照；持续湿润。**修剪季节**：春季新生之前。

"翡翠"北美香柏

椴树
别称"韧皮木"

心叶椴

生长缓慢、枝叶繁茂、易于养护，以及耐受城市环境——这些特点都让椴树乔木成为都市小镇庭荫树的理想选择。椴树在晚春或初夏开不显眼的乳白色花簇。有些椴树花会分泌一种油，为香水制造业广泛应用。蜜蜂可以用椴树花蜜酿出香甜可口的优质蜂蜜。椴树开花后会结豌豆大小的褐灰色小坚果，使全树整体外观稍显杂乱。其叶呈心形，秋季为耀眼的金黄色；树皮光滑呈浅灰色，随树龄增长逐渐形成奇特有趣的裂纹皱褶。北美木材业将椴木称为韧皮木。除了北美西部地区以外，其他地区都能找到当地生长的椴树种。

心叶椴

　　欧洲规则式园林中经常能够见到心叶椴的身影。心叶椴原生于欧洲，生长速度缓慢，可长至 18 ～ 21m。其叶娇小，花开芳香。心叶椴可以承受城市污染带来的生长压力。颇受园林爱好者欢迎的栽培种"绿塔"生长速度比原种稍快。其笔直的树干与宽阔的林荫大道十分相称。

　　椴属乔木中形态最为优美的当数美绿椴。美绿椴体型比心叶椴小，很适合居家庭院景观。七月时，

美绿椴会开出芳香四溢的花朵。其叶为富有光泽的墨绿色；枝条可以拂扫地面。高约 12 ～ 18m 的银叶椴是色彩最为丰富斑斓的椴树。银叶椴原生于欧洲和西亚。银叶椴叶面墨绿，背面为银色，轻风吹过时显得格外迷人。银叶椴中速生长，是非常理想的防风树或高屏障树。其光滑浅灰色的树皮与水青冈属植物相似。银叶椴的栽培种"英镑"叶片精巧雅致，不易受日本金龟子和舞毒蛾的侵害，也可以抵抗高温和干旱。

　　栽培：椴树苗易移栽。早春时，将容器苗或土球苗移栽至肥沃、排水力良好、湿润且 pH 值为 5.0 ～ 7.0 的土壤中，并确保全日照的环境。

植物档案
银叶椴

学名：Tilia tomentosa。**科**：椴科。**植株类型**：高大落叶庭荫乔木；春季开不显眼的芳香花朵。**用途**：都市草坪孤植树、行道树。**高度**：12～18m。**生长速度**：中速。**生长习性及形态特征**：金字塔形；后期树干直立且树冠为椭圆形。**花期**：六月和七月初。**花朵**：黄白色花；香味清甜。**果实**：蛋形。**叶**：心形墨绿色叶片，叶底为银色。**土壤条件及酸碱度**：肥沃；排水力良好；适应土壤种类较多；pH5.0～7.0。**光照及水分**：全日照；持续湿润。**修剪季节**：晚冬。

银叶椴

铁杉

北美洲东西海岸气候湿润、水分充足，能找到当地原生的铁杉属乔木。铁杉是狭叶常绿植物中最为优雅的一类家庭景观树。其中，栽培种品类最多的铁杉树种是加拿大铁杉。加拿大铁杉易移栽，抗剪强度高，天然树形为金字塔形，枝条微微低垂，呈现出亭亭玉立的曼妙树姿。该树种针叶扁平短小，呈墨绿色，叶底有两条白色气孔带。加拿大铁杉的针叶可以长达八年不落，因此可维持终年繁茂之外观。加拿大铁杉的果实为铜棕色球果，体型非常小，只有 1.3 ~ 2.5cm 长；树皮为肉桂棕，经年累月会形成脊状突起和褶皱纹理，十分吸人眼球。鸟儿很喜欢在铁杉树上建巢栖息。

卡罗莱纳铁杉

加拿大铁杉生长缓慢，十分长寿，人工栽培下能长到 12 ~ 21m。野生加拿大铁杉在其原生的中西部、东北部以及阿巴拉契亚地区可以长至 30m 甚至更高。加拿大铁杉最适合种植在气候凉爽的美国北部地区。该树种是非常优质的庭荫树。在种植数年之后，加拿大铁杉的中心茎干会长得过于显眼而影响整体外观。但这一情况通常很久才会发生。在此之前，可以将其

修剪塑形，作为美观的树篱植物。市面上还有一些体积比较小的栽培种。"蒙勒"成树约 1.8 ~ 3m 高，枝展约 5cm，整体树形为柱形，可以用于打造比较矮小的树篱和屏障。垂枝加拿大铁杉枝条匍匐，颜色墨绿优雅，经过数十年的生长可达 1.5m 高。该品种可在阴凉环境下生长，在假山岩石之间绵延开来尤为美丽迷人。

垂枝加拿大铁杉

若想为城市环境选一种铁杉，则应考虑高约 13.5 ~ 19.5m 的卡罗莱纳铁杉。该树种原生范围为美国佛吉尼亚州西南部至佐治亚州北部。卡罗莱纳铁杉也是非常优质的海滨树。

栽培：铁杉属植物根系很浅，宜于早春或秋季移栽至排水力良好，且 pH 值为 5.0 ~ 6.5 的腐殖土中。在气候温暖的区域，铁杉最喜半阴环境。在植株主要生长结束后以及整个生长季期间，都可以对新生枝叶进行轻修剪，但不应在植物进入休眠期后进行修剪。为了预防虫害，应在晚冬时为植株喷施休眠油，并在六月和十月分别施用杀虫肥皂水。

植物档案
加拿大铁杉

学名：Tsuga canadensis。**科**：松科。**植株类型**：高大常绿松柏；带有香气。**用途**：庭荫树；草坪孤植树；高屏障；规则式树篱。**高度**：人工栽培下 12~21m；野生环境下可能超过 30m。**生长速度**：快速。**生长习性及形态特征**：金字塔形乔木；成树垂枝。**花朵**：不显眼，雌雄同株。**果实**：0.6~2.5cm 的球果；雄性球果为黄色，雌性为绿色，且为革质。**叶**：1.3~2.5cm 长的针叶，且带有香气；叶顶部为浓重的墨绿色，叶底有两条白色气孔带；新生叶片为浅黄绿色，后变为墨绿。**土壤条件及酸碱度**：排水力良好；pH5.0~6.5。**光照及水分**：半阴或全日照；持续湿润。**修剪季节**：主要生长结束之后。

加拿大铁杉的球果

加拿大铁杉

榔榆

榔榆

榔榆

曾几何时，高大挺拔的美国榆是美国道路两旁及城郊乡村最常见的树种。但在1930年，荷兰榆树病从欧洲传入北美，导致美国榆几近灭绝。而抗病能力强、高约12～15m的中国榔榆就成了非常理想的替代树种。其栽培种"阿力"（又名"艾莫11号"）是与美国榆最为形似的一种。该栽培种生长迅速，很快便能长到15m，树冠为美丽大方的圆顶形。其树叶墨绿，树干和枝条树皮为橙灰色，剥落后呈蕾丝状纹理。该栽培种可以适应多种土壤及气候。

美国榆

栽培：榔榆宜于早春或初秋时进行移栽。植株在肥沃、湿润且排水力良好的土壤中长势最好，且能适应极端酸碱度，并能耐受城市生长环境。

植物档案
榔榆

学名：Ulmus parvifolia。**科**：榆科。**植株类型**：高大落叶的庭荫乔木。**用途**：行道树或孤植树；庭荫树；冬日亮点。**高度**：人工栽培下12～15m。**生长速度**：中速到快速。**生长习性及形态特征**：花瓶形；成树树冠圆润，枝型垂拱。**花期**：八月到九月。**花朵**：不显眼的花簇。**果实**：0.8cm长翅果，九到十月份成熟。**叶**：椭圆形叶长约1.9～6.4cm；夏季为浓重墨绿，秋季变为黄色或紫红色。**土壤条件及酸碱度**：可适应不同土壤；酸碱度耐受性高。**光照及水分**：阳光充足或荫蔽；极度瘠薄到十分湿润的土壤。**修剪季节**：晚秋或初冬。

垂枝榔榆

榔榆

榉树

榉属乔木均原生于亚洲地区，外形和生长环境均与榆树相似。榉树高大威严，是非常理想的庭荫树。其树皮纹理奇特有趣，叶片和树形均与榆树大同小异。成年榉树拥有伟岸的身躯和十足的霸气。榉树有若干栽培种，具有非常良好的抗虫及抗荷兰榆树病能力，"小村嫩绿"就为其中之一。该栽培种树干笔直，树冠呈花瓶形。其长势迅猛，每年能够长高 0.6 ～ 0.9m，成树可达 15 ～ 24m，枝展与树高相近。"小村嫩绿"叶片大，呈墨绿色，与榆树相似，秋季变为黄棕色或红锈色。其树皮为棕色，表面平滑，随树龄的增高而变灰剥落，露出肉桂棕色的内皮。榉树可以抵抗某些城市污染。

秋天的"小村嫩绿"榉树

栽培：榉树宜于早春或秋季时（在秋季反季高温"秋老虎"到来之前）移栽。在植株扎根之前，应对其施以防冬风及防寒保护。榉树在湿润、排水力良好的深耕土中长势最好。榉树耐旱，并能适应不同酸碱度的土壤；最宜在全日照或半阴环境下生长。

植物档案
榉树

学名：*Zelkova serrata*。**科**：榆科。**植株类型**：高大落叶庭荫乔木；成树体型巨大。**用途**：行道树；园林孤植树；观赏秋叶颜色。**高度**：15～24m。**生长速度**：中速到快速（幼树）。**生长习性及形态特征**：低枝；花瓶形树冠。**花期**：四月，花叶同开。**花朵**：不显眼。**果实**：秋季结0.3cm核果。**叶**：5～12.7cm长的带尖椭圆形树叶，叶缘有锯齿；夏季颜色为墨绿色，秋季为棕黄色到锈色或红色。**土壤条件及酸碱度**：排水力良好的深耕壤质土；酸碱度耐受范围较广。**光照及水分**：全日照或浅阴；持续湿润；扎根后耐寒。**修剪季节**：秋季。

榉树

榉树

"绿花瓶"榉树

第三部分

灌木

本章内容旨在帮你挑选出能够与乔木、树篱和其他元素相辅相成、共同打造出完美园地的灌木品种，范围广泛，囊括四十多个主要灌木类群，即生物分类中的"属"。无论你在何处，都可以找到适合自己园林的理想树种。

重点信息和关键细节

区分某植株是乔木还是灌木并非难事。二者最大的区别在于生长习性不同。灌木多茎干丛生，枝上叶片茂密，离地面很近。乔木或长有单一主干并从其侧抽枝而生，或长有一根或多根茎干，茎干在地面以上的一定距离内为秃干，不生大枝；茎干顶端有茂密树冠。

灌木小常识

灌木多较乔木矮小，但也有一些大型灌木要比小型乔木的身形更为高大。例如，一株笔挺的鸡爪槭可能会长至 7.5m 高，但是一株微型紫薇可能还不到 0.9m。许多木本植物属下既包含乔木种，也包含灌木种，如山茱萸属、冬青属和刺柏属。虽然有些木本植物属为单乔木或单灌木属，但其实许多树种都可以通过改变其生长环境或种植方式来促使其长成灌木或小型乔木。有些小型乔木在其生长范围的

杜鹃花在酸性土地区广受欢迎。如果你的土壤趋于中性，应加入腐叶土或硫以增强酸性。

部分地区会体现灌木的生长习性，可以通过修剪引导其长成灌木或乔木的任意一种形态。

即使最典型的灌木树形，也可以通过修剪整枝方式引导其生长成"标准式"乔木形态。可以通过"上修枝"，即剪除灌木接近地面的底端树枝的方式，来将其打造为乔木树形。

灌木凭借其娇小的身形和繁茂的枝叶，在花园中充当着重要的角色。乔木植物为花园带来垂直元素，地被植物和花境则在水平方向上对空间进行装点，而灌木正是这横纵两个维度的连接与过渡。此外，灌木植物形态各异、色彩丰富，质感也十分多样，可以让整个园林更加多样化。灌木耐受力强，且通常无须费心养护，一年四季都可为花园带来不同的景致。在传统的草本植物花境中，灌木植物可以作为恒久经典的背景植物，衬托鲜艳的一年生和多年生花卉。哪怕只是用灌木搭配一些地被植物打造一个绿色花园，也能展现不同的迷人美感，而且可以避免繁复的养护工作。灌木可以根据其在景观设计中的具体角色功用而分成以下几类：观花灌木、观叶灌木，以及秋冬亮点灌木。每种类别中都包含大小形态各异的常绿和落叶植物。

观花灌木

观花灌木是花园四季中绚烂色彩的重要来源：早春时节，连翘率先开花，为园地带来一抹金黄。随后一直到深秋，每时每刻都会有至少一种观花灌木繁花盛放。有些灌木的花期长达一整个夏季。委陵菜体型矮小，枝干坚韧，花期从六月持续到霜冻。届时毛茛状的小花开满枝头。粉色的绣线菊、金黄的贯叶连翘，

以及许多杂交蔷薇都会在夏季开花，并且一直绽放到秋季。仲夏到来之时，绣球花盛放，其花球硕大，或蓝，或粉，或乳白。夏末至中秋期间，醉鱼草娇艳的花海会吸引蝴蝶在周围翩翩起舞；秋末冬至，南天竹先开大片白色小花，继而结出亮红色果实。有些灌木不仅拥有迷人的花朵，还会带来沁人的花香。山梅花、郁香忍冬以及荚蒾的馥郁芬芳可以香飘满园。蔷薇花的淡淡清香则会吸引人们凑近丝绒般的花瓣细嗅究竟。但也有一些蔷薇属灌木的香气更为浓烈，能够让周围空气都变得更为甜蜜，比如绿眼白花的"哈迪夫人"和大卫·奥斯汀培育的"托马斯"月季。

灌木中既为阔叶常绿又能开出美丽花朵的品种相对较少。此种灌木在花期时优雅异常，非花期则凭借其美丽的叶片继续贡献自己的观赏价值。瑞香作为花期最早的常绿灌木，早在二月就开出芳香四溢的花朵。其栽培种金边瑞香的叶缘镶有一圈金黄。春季来临时，山月桂、马醉木和杜鹃花也都会在湿润、排水力良好、酸性的腐殖土滋润下争相开放。到了夏末，桤叶树属灌木便绽放带有香气的花朵。

灌木形态

虽然下图中的术语对识别灌木形态很有帮助，但是由于生长条件或修剪方式不同，灌木形态可能千差万别，如鸡爪槭（左图）和颜色各异的帚石南（上图）。

柱形　　　拱垂　　　金字塔形　　　圆球形　　　匍枝形

观叶灌木

在美观方面，观叶灌木丝毫不输观花灌木，其同样能够为园林带来炫彩夺目的美景。而在所有的观叶灌木中，又以长有针叶和鳞叶的松柏灌木以及其他常绿灌木最为优美。许多观叶松柏灌木都为松柏乔木的矮型或慢生型变种。绿意盎然、矮小墩厚的矮赤松能够让阳光明媚的花园一隅更加充满生机；柱形直挺的侧柏和色彩夺目的矮型蓝粉云杉"胖埃尔伯特"又能为园林增添永恒的色彩与层次。而这些灌木叶片散发的幽香更是有锦上添花之感。

金黄斑驳的青木、幽紫可人的木藜芦和微红可人的北美十大功劳等灌木确实可以用其多彩的树叶来装点四季，但这些阔叶常绿灌木以及松柏灌木最具标志的色彩，依旧是那经典的绿色。这一抹绿，是花园景观的灵魂所在。黄杨木、常绿枸子属植物和瑞香的淡雅精巧的绿叶可以中和其他绚丽色彩的强烈与浓重，让花园的整体色彩变得更为柔和。

落叶观叶灌木是打造园林多彩秋色的主力军。其斑斓叶色甚至可与最为明丽娇艳的糖槭相匹敌。天气转凉后，黄栌和荚蒾会变为黄色、红色和紫色。鸡爪槭的叶色可谓是秋日中最明艳的色彩；许多鸡爪槭的树叶在早春时就为红色，到了秋季变得更为耀眼鲜亮，可以与红花槭的满树火红相媲美。鸡爪槭的某些栽培种叶色更为多变，比如"酒杯"鸡爪槭，其叶片在夏季为黄色浅绿之间，而到了秋季就会变为炫目的荧光红。小檗和帚石南等落叶灌木的栽培种可以维持一整季的艳丽叶色。锦带花和瑞香等斑叶灌木品种可以为园林中大片深邃的墨绿增添灵动活泼之美。

植放灌木

灌木不仅能够勾勒出花园的整体框架，还能遮挡不美观的景物、确定地界线、作为花园的背景、指引视线，以及奠定风格基调等。按照自然习性生长的灌木是野态或自然风花园的必备元素，而精心修剪、塑形成特殊造型或几何形态的灌木则能为规则式园林增添奇趣亮点。群植灌木还能起到屏障遮挡或斜坡固土的作用。也可将灌木搭配其他植株一起打造混合式花境、孤植，或作为焦点植物种植。

在景观设计时，要考虑规划灌木的色彩、层次

冬日亮点

冬日里，有些灌木已经叶落归根，裸树空枝，但其小枝繁茂的树形和色彩斑斓的茎干依然是花园中不可忽视的亮点。灌木形态的红瑞木和柔枝红瑞木亮红色的茎干与金枝梾木的一抹明黄都能够引人驻足观赏。还有一些灌木的秃枝具有特色十足的形态，其中以外形酷似手杖的扭枝榛树最为奇特。

灌木浆果是冬日园景中另一道靓丽的色彩。荚蒾属、枸子属和火棘属灌木的果实可以为花园带来耀眼的鲜红，其中还有一些原生种或栽培种能结出黄色、橙色、蓝色、白色，甚至亮黑色的多彩浆果。玫瑰和其他蔷薇属灌木在自由生长不受干预的情况下，果实会长成红色的蔷薇果。这些浆果都是鸟儿喜爱的美食，因此每到秋冬，便会有成群结队的鸟儿前来大快朵颐。

苗木保护：冬季是苗木最为脆弱、最不易捱过的季节。突如其来的冷空气很可能会冻死苗木；寒冰霜雪也会导致枝条折损；凛冽的寒风还可能将苗木吹干。如上图所示，将常绿灌木用粗麻布围起来可以防止风干。喷施抗蒸腾剂可以达到同样的防风干效果。

你可能需要用到喷头堵塞的喷漆器，才能够仿造出斑叶青木那天然的金色叶斑。

质感、树形，以及四季变化。你会发现，可以选择的灌木种类数不胜数。在选择灌木时，应更加关注不同灌木之间的组合，而非其与花园中其他的多年生花卉、一年生花卉、藤蔓植物或者球根花卉的搭配。由于灌木地位重要且会长久留在园中，因此选择搭配时应优先考虑灌木，而非其他更小型也更短生的植物。不同的树叶颜色也对景观装饰有着不同的影响：绿色可增加厚重感和稳定感；蓝绿色和灰色可以让差别较大的撞色看起来更柔和，并能够映衬突出白色、粉色、紫色或蓝色；黄色可以为阴暗的角落带来一抹明丽；而栗色和紫色在酸性绿的陪衬下更能彰显其灵动美感。

灌木通常对生长环境没有过多的要求，也不需要过分养护，但前提是初期栽种得当，且生长空间充足。要依照灌木成树预计高度和冠幅来选择合适的品种，并且为新选购的灌木植株留有充足的生长空间。可以在灌木苗之间的空隙中种植凤仙花或五彩芋等喜阴的一年生花卉加以点缀。在狭小的空间内种植枝展广阔的灌木（如连翘）是吃力不讨好的做法，因为到最后由于空间不足，还是要将其修剪缩小，从而破坏植株的外观形态。

在选购灌木时，要关注其对土壤、湿度和光照的需求。园林中已种植乔木会产生的阴影大小也要考虑其中。在这些乔木周围要种植一些耐阴灌木。当灌木受到环境胁迫时，就会导致病虫害乘虚而入，极大程度地危害植株健康。若将脆弱易患病的灌木挤在不通风的角落，则会引来喜闷热环境的粉虱科害虫。种植在潮湿阴暗处的蔷薇属灌木比日光环境下更易滋生霉菌和黑斑。相较喷洒杀虫剂和药粉而言，更明智高效的做法是挑选抗病栽培种、因地制宜进行栽种，并且悉心照料植株。

当你为对的地点选了对的灌木之后，需要在购买之前仔细检查植株。灌木与乔木一样，也以土球包根、裸根或容器苗木形式进行出售。下方边栏中讲解了选择容器灌木苗的注意事项。

容器灌木选购指南

劣质苗木通常具备以下一项或多项缺陷：
- 嫩枝干枯、弯折或损坏
- 叶片缺落或褪色
- 容器内没有装满土壤或盛装土壤过干
- 容器过小导致植物生长拥挤
- 一条或多条粗根在土壤表层附近盘绕
- 一条或多条粗根从容器排水孔伸出

健康生长的苗木符合以下条件：
- 苗木尺寸与容器尺寸相契合
- 没有根或只有细根从容器排水孔伸出
- 容器内土壤充足，通常填至容器边缘 2.5cm 以内；土壤湿润
- 苗木外形对称一致、叶片颜色鲜艳，整体状态鲜活

种植灌木

虽然业内专家均一致认同应为植株匹配最符合其生长需求的土壤，但若将木本植物种在经过有机物添加改良的栽植穴内，其根系会充分适应穴内环境而不再向外延伸，这样一来，栽植穴内的植株就如同盆栽一样。因此，最好将新苗木栽种在当地典型的土壤中。

话虽如此，若是群植一些对土壤要求类似的灌木，或将灌木以及其他多年生花卉和小型植物共同种植在同一花床中，则确实应该考虑对土壤进行改良。例如，大叶杜鹃和小叶杜鹃等其他杜鹃花科植物在排水性良好、富含腐殖质、湿润且酸性的高架花床中长势最好；许多灌木对土壤要求不高，因此为混合式花境所调配的改良土壤就足以满足这些灌木的生长需求，但前提是有足够的空间任其根系生长发育。

种植裸根灌木苗：在栽种蔷薇等裸根灌木苗时，将其根系在压实的圆锥形原土土堆表面舒展摊开。首先确保其根茎露出土壤表面若干厘米。将木棍或铲子横在栽植穴口可以帮助丈量根茎露出高度。由于蔷薇属灌木带刺，因此在种植时应佩戴较厚的园艺防护手套。

如果木本植物的茎干长出地面的部分挨靠过于紧密，应使用隔板垫片撑在茎干之间，以增加空隙角度，进而防止茎干互相接触。

隔板垫片

容器灌木苗种植前的准备工作

难易度：容易

1 将苗木移出容器时若无法通过轻微挤压容器外壁或轻磕容器边缘的方法轻松将苗木取出，则需要用刀或剪子将容器剪开。

2 将苗木沿一侧放倒，然后在根部和土壤中切划几刀。如果苗木根系生长过长而容器本身过小，就容易产生"根满盆"的现象，其具体表现为根系过于粗大且互相交错缠绕，这种情况需要及时处理。

3 用手将上一步的切口扒开，将缠绕的根系梳理捋顺，确保捋顺后的根系伸展方向为理想的生长方向。最后将苗木种植在栽植穴中。

修剪灌木

　　新栽种灌木仅需剪除枯枝、病枝或受损伤的枝条。当灌木扎根之后，需尽早修剪掉长势较弱及错生长的枝条，同时也要修剪掉散生枝条的顶尖。大多数成年灌木只需要定期轻修剪以维持树形、疏通拥挤的枝形、除枯枝促进开花，以及除去枯萎的花朵。对于大多数灌木来说，修枝剪、大力剪和绿篱剪可以承担所有的修剪工作。若想打造自然随性的灌木外观，仅使用修枝剪即可；大力剪主要用来剪除稍硬的木质枝茎；绿篱剪可以用于修剪黄杨等叶片较小的阔叶常绿灌木，以及需要定期塑形修剪的落叶灌木。在为杜鹃花摘除枯花时需要徒手小心操作，以免伤害到周围娇嫩的叶芽。为了让落叶观叶灌木的外观更茂密葱郁，可以在植物生长旺盛期将每一根徒长新枝剪掉一半，以起到促进新生的作用。经过修剪的新枝会即刻长出侧枝。当灌木已经长至理想尺寸之后，等到当前生长季过后，将新生枝条贴近旧木方向稍稍剪短。

　　许多观花灌木需要更强力的修剪才能开出更加繁盛的花朵。在新枝上开花的灌木一般要修剪成为短小的树形。例如，委陵菜属灌木每隔一年的早春就要修剪至只有0.3m高。醉鱼草或圆锥绣球等其他在新枝上开花的灌木则需要强修剪至高度贴地，以防止植株过高，或促进新生。还有一些新生枝茎具有装饰作用的灌木也可被修剪至贴地高度，这类灌木包括红瑞木和金枝梾木。这种强修剪方式称为"萌生修剪"。

　　在旧枝上开花的落叶和常绿灌木应在花期过后立即修剪。修剪在新枝上开花的蔷薇属灌木时应采取特殊方法。松柏常绿灌木的修剪技巧与常绿乔木的修剪技巧相同。

阔叶常绿植物的掐尖修剪

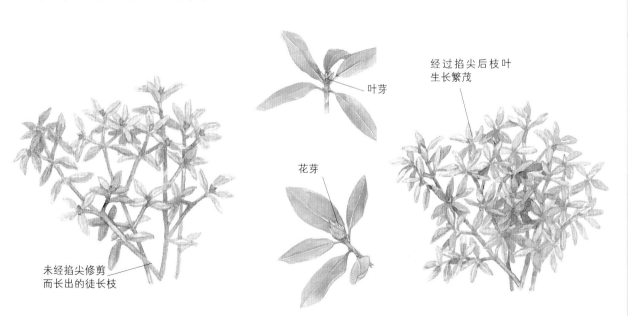

叶芽

经过掐尖后枝叶
生长繁茂

花芽

未经掐尖修剪
而长出的徒长枝

避免灌木长出徒长枝：为避免杜鹃花等植物长出徒长枝（左上图）、促进其枝叶生长更为繁茂（如右上图）以及控制植株尺寸，可以将新生枝条上的顶芽掐除。顶芽会控制生长素运输方向，抑制休眠侧芽生长，这种现象称为"顶端优势"。将顶芽掐除可以将生长素发送至侧芽，从而促进其生长。注意：在掐尖时不要误将更大更饱满的花芽掐掉。

根据开花位置修剪灌木

在灌木休眠期进行修剪：对于新木开花的灌木来说（这些灌木通常夏季开花，如委陵菜属、六道木属和贯叶连翘），需要在其休眠期进行修剪。修剪时应剪除所有吸根、坏死枝和长得较高的旧枝。每年修剪掉 1/3 的旧木，逐年将整树枝条更新换代。

在新枝上开花的植物

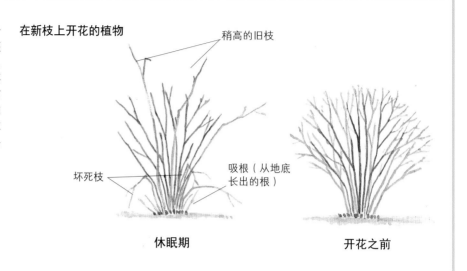

稍高的旧枝

坏死枝

吸根（从地底长出的根）

休眠期

开花之前

花期之后修剪：连翘、丁香和山梅花等灌木通常于春季在旧枝上开花（即前一年长出的枝条上）。在花谢之后，将旧枝和病损枝条剪除。之后将 1/3 长势较高的树枝剪至接近地面高度。

连翘

前一年的枝条

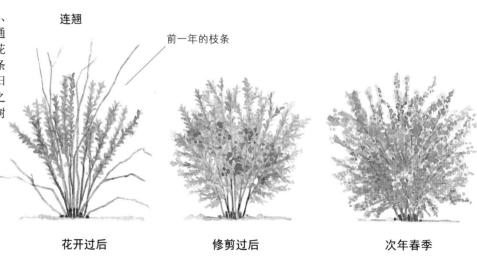

花开过后

修剪过后

次年春季

花期过后强修剪（针对长势旺盛的灌木）：绣线菊和锦带花一类长势迅猛且在旧枝上开花的灌木通常会出现枝条过度拥挤的现象，导致次年花开稀少，并且让灌木外观显得杂乱。在花期过后，需要对此类灌木进行强修剪，将旧枝 条贴新生芽点上方剪掉。

锦带花

长势过旺

强修剪之后

次年夏季

改造衰老灌木

衰老灌木常会因为疏于关照而长势过旺、不开花结果，全株被长满的细弱枝和坏死枝占据。将陈年枝条剪除可以促进新生枝条的旺盛生长。徒长枝恣意生长的杜鹃花、蓬乱丛生的山梅花，以及许多其他落叶灌木都可以通过重修剪而重焕新生。首先需要将有缺陷的茎干剪除，再将半数健康茎干剪短至离地面 5 ～ 7.6cm 高，之后再将余下的所有茎干长度剪半，只保留健康的枝芽。对于丁香和某些蔷薇属灌木在内的许多落叶灌木而言，将其所有枝茎同时剪短至离地 0.3m 左右的高度可以促进植株旺盛生长，但这一技巧对于常绿灌木则不起作用。在下一个休眠期对茂密的新生嫩枝进行疏枝修剪。注：此种重修剪与下图所示的平茬不同。平茬每年进行一次，而且针对特定植物；重修剪则是针对长势过旺的灌木。针对杜鹃花等阔叶常绿灌木的修剪改造工作要分两到三年按阶段进行。若将此类常绿灌木的叶片同时全部剪掉，则会大大影响其长势。第一年，将所有有缺陷的枝条和最衰老的旧枝剪除，并且将其他剩余的枝条截短一半。第二年，将留下的旧枝半数截短，并为生长过密的新生枝条进行疏枝修剪。第三年，将最后剩余的半数旧枝统统剪掉。为实现最好的改造效果，落叶灌木应在休眠期进行修剪，而常绿灌木则应选择春季新一轮生长季开始时进行修剪。

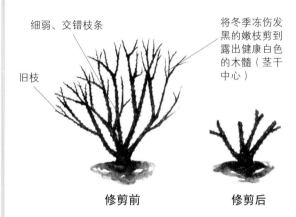

细弱、交错枝条

旧枝

将冬季冻伤发黑的嫩枝剪到露出健康白色的木髓（茎干中心）

修剪前　　　　　修剪后

修剪杂交茶香月季和壮花月季：每年春季，将细弱枝、老旧枝、伤损枝、交错或过密的茎干、伸出过长以及外观不对称的茎干统统剪除。寒冬时节，将枝茎剪至 30cm 高，若冬季温度稍高，则可剪至 50cm。

剪除杂交茶香月季和壮花月季的枯花

45° 切口

修剪蔷薇果

清除枯萎的蔷薇花和蔷薇果：蔷薇花在枯萎后显得格外凌乱不堪，因此要将这些枯花全部剪除。如上图所示，应将茎干剪除到只保留长有五片小叶叶柄的高度。如果想要获得既能装饰又能食用的蔷薇果（右上图），则不应剪除枯萎的花朵。红色或橙色的蔷薇果可为冬季园景提供亮点，还能够供人或鸟类食用。在早春时节将枝头所有的蔷薇果剪除。

平茬：有些木本植物可能长势过猛导致生长空间不足。针对这种现象，可以每一到两年将其枝干剪到离地面只有几厘米高的位置。以上图柔枝红瑞木为例：在经过平茬修剪之后，发达的根系会促进植株长出许多新生萌芽。可以根据需求选择性地对其进行修剪，以打造全新的灌木形态。

特殊效果

通过整枝让灌木沿墙定向生长：有些灌木可以培养成非常美观的树墙。许多灌木都可以通过整枝的方式而沿着垂直平面横向生长。木瓜海棠、山茶、冬青、火棘和其他花随茎干一同生长的灌木都可以耐受必要的强修剪而达到定向生长的效果。如果可以找到合适的支撑面，那么一面树墙可以为小型花园带来最为惊艳的视觉享受。除了美观，也无须等待良久即可见到效果。

通过常绿灌木整枝来打造树雕造型：树雕是十分古老的艺术，可以追溯到古罗马时期。在过去的几百年中，灌木通过整枝和雕塑等手段，已经塑造了许多活灵活现的形象，不论是鸟兽、舰艇还是人物，都能够完美展现。位于马里兰州的 Ladew 花园是远近驰名的树雕花园，园内用灌木塑造了一位猎人和猎狗正要翻过树篱赶往草坪追赶一只狐狸的生动场面，所有的树雕都是用日本红豆杉修剪而得。自家花园的树雕可以先从较简单的造型入手，比如一些简单的几何图形，如球形或圆锥形。树雕灌木可以选用红豆杉、崖柏、黄杨或生长迅速的常绿女贞属灌木。通过整枝让灌木长成直立型（也称单一主干型）其实很容易，但需要在植物生长早期就确立一根中心茎干。

通过整枝定向生长成树墙的火棘无论在非规则式（上图）还是规则式花园中都是一道亮眼的风景线。火棘属灌木色彩鲜红的浆果也是不可多得的美景（右侧嵌图）。

上图中的雄鸡树雕通过黄杨修剪而得。从图中可以看出，这只雄鸡有怒发冲冠之势，不知是有意为之，还是需要再次修剪。

将长势繁茂的灌木修剪为装饰感十足的形状，如球形，看起来是一种高深莫测的艺术手段。

大花六道木

大花六道木

原生于亚洲和墨西哥的大花六道木能为漫长的炎夏带来繁花无限的美景。大花六道木为树冠垂拱、树叶浓密、多细枝的半常绿灌木。开花时全树挂满白里透紫的漏斗形幽香小花，从夏季到霜冷季节持续盛放。深秋时，娇嫩的叶片变为紫色与古铜色之间。该树在较冷地带会落叶，但在较暖地带的花园中可以整个冬季都郁郁葱葱。即使树叶落净，其垂拱细密的光枝也依然婆娑迷人。大花六道木可以群植，可以种于河堤和山坡上，其是打造自然风树篱的理想树种。"弗朗西斯"金叶大花六道木为美丽的矮型斑叶栽培种，其高度和冠幅均为 0.9～1.2m。该树叶片绿金相间，全日照下叶色最艳。匍枝大花六道木高约 0.6～0.9m，枝展 1.2～1.5m，花色洁白，叶在寒冷气候下变为紫绿色。"雪伍德"体型较小，枝叶更繁茂，成树约 0.9m 高。

长久以来，高约 0.9～1.8m 的杂交种"爱德华·古彻"粉花六道木都是花园造景的宠儿。其花冠为橙色，花瓣为丁香粉色。粉花六道木是非常优质的河堤树，也可以打造迷人的随性风树篱，还能独挑大梁，作为美丽的孤植树种装点园林。

栽培：大花六道木宜于早春或初秋时移栽。将

"矮种紫花"大花六道木

"弗朗西斯"金叶大花六道木

"弗朗西斯"金叶大花六道木

容器苗或土球苗移栽至排水力良好、富含腐殖质、且 pH 值为 5.5～6.5 的微酸性砂质土中，但其也可耐受其他范围的酸碱度。大花六道木在日光充足、稍有荫蔽的环境下花开最盛，但也可以耐受半阴环境。

植物档案
大花六道木

学名：Abelia x grandiflora "Edward Goucher"。科：忍冬科。植株类型：半常绿观花灌木。用途：孤植树、树篱、基础植物。高度：0.9～1.8m。生长速度：中速到快速。生长习性及形态：直立、垂拱。花期：七月中到霜季。花朵：2～5朵1.9cm长的管状小花组成的花簇；颜色在丁香紫和粉色之间；有清香。果实：不显眼。叶：5cm长；夏季时为墨绿色且富有光泽，秋冬时为古铜色和梅红之间。土壤及酸碱度：排水力良好且富含腐殖质的砂质土；pH5.5～6.5。光照及水分：全日照以获得最美的叶色，但是也耐浅阴；喜持续湿润的土壤但耐旱。修剪季节：晚冬修剪可促进开花；花开过后修剪可控制生长。

"爱德华·古彻"粉花六道木

鸡爪槭

鸡爪槭包含许多大型落叶灌木和小型乔木，其标志性特征为优雅美丽、色彩绚丽的深裂叶片。鸡爪槭小型变种通常高为 2.4～4.5m，枝条婉垂，层次感十足。鸡爪槭优美的外表让其成为草坪孤植树的上好之选。

秋日中的羽毛槭

鸡爪槭的多彩叶片让人赏心悦目。小型栽培种通常整个生长季都可维持满树鲜红的绝美景致。本种鸡爪槭墨绿的叶片在秋季会变为火焰般的橙红或猩红色。栽培种"血红"鸡爪槭体型较为高大，春季生红叶并可维持整个生长季。秋季更是变为浓烈的猩红色。紫红鸡爪槭的叶片在春季为红色，夏季为紫红色，秋季则变为令人叹为观止的鲜黄或珊瑚色。羽毛槭主要特征为羽状细裂的狭长叶片。该园艺种包含一些树形较小的栽培种，叶细裂而精美，枝常低垂，整体形态雅致迷人。紫红羽毛槭更是将紫红鸡爪槭绚烂的叶色和羽毛槭如羽似丝的质感完美地结合在一起。"珊瑚阁"红枝鸡爪槭拥有柔光丝滑的珊瑚色树皮，其叶初为浅红，夏季变为绿色，秋季又变为略带橙色的金黄。该树为

"血红"鸡爪槭

小型乔木，直立挺拔，可长至 7.5m。"红灯笼"鸡爪槭为小型乔木，树冠呈花瓶形，叶为金黄色。"幻彩"鸡爪槭的叶片或为亮粉色，或为乳白色，或为鲜绿色；远观之下，这些色彩又融合为粉色，十分梦幻。

栽培：移栽鸡爪槭时需要多加呵护，但一旦种成，便几乎无须修剪即可发育出美丽的树形。早春时，将容器苗移栽至排水力良好的腐殖土中，并确保全日照环境。在气候温暖的地区，可在正午时为鸡爪槭遮阳。在旱季时可以每两周浇灌一次。

植物档案
鸡爪槭

学名：Acer palmatum。**科**：槭科。**植株类型**：落叶灌木或小型乔木。**用途**：草坪孤植树、灌木或混合花境。**高度**：2.4～4.5m（人工栽培）；12～15m（野生环境）。**生长速度**：慢速。**生长习性及形态**：圆球形，枝条层叠且微微垂坠。**花期**：五月或六月。**花朵**：小紫花组成的伞形花序。**果实**：1.3cm长的翅果；通常秋季会变红。**叶**：5～12.7cm长，深裂；颜色多样。**土壤及酸碱度**：排水力良好且富含腐殖质的微酸性土壤环境。**光照及水分**：全日照以获得最美的颜色；持续湿润的土壤。**修剪季节**：早春。

"新千染"鸡爪槭

唐棣
别称"鲥鱼树"

桤叶唐棣

秋季树唐棣

早春时节，唐棣属灌木还未长出嫩叶，但轻盈的树枝上早已开满一簇簇娇小可人的花朵，纯洁的象牙白花点亮了整个北美洲的林地。唐棣的花期正赶上鲥鱼溯江河而上迁徙至大西洋海岸之时，因此别名为"鲥鱼树"。

唐棣先开花后生叶，之后结紫红色带甜味的果实，于初夏成熟。唐棣浆果不仅是西式馅饼的上好原料，也是鸣禽、野鹿、松鼠、花栗鼠和熊类钟爱的美食。秋季时，唐棣的叶片变为黄色、橙色和深红色。可将唐棣属灌木或小乔木群植在林地边界，任其生长，打造自然野态的景观。除此之外，还可将其种在花园灌木绿化岛后，以突显其秋叶的色彩斑斓。唐棣属植物会适应种植地而生：在花园中长得茂密壮实；在野外则生得高挑纤细，以便与其他植物竞争。

北温带林地和山地中的原生唐棣可以适应很多种土壤，不论在沼泽湿地还是干旱的山坡都可以苗壮生长。这其中外观最夺目的杂交种当数大花唐棣。大花唐棣有很多优秀的栽培种，包括伊利诺伊州培育的"秋辉"、抗旱性极好的"秋日夕阳"，以及普林斯顿苗圃培育的、花开繁盛的"积云"。

若想在较温暖的地带种植唐棣，原生于佐治亚州皮埃蒙特森林的树唐棣是更优之选。而如果想在较凉爽的丘陵地或潮湿林地种植唐棣，则应选加拿大唐棣。桤叶唐棣的果实是唐棣果实中味道最为甜美的。北美大草原原住民会用水牛肉和脂肪制作一种传统肉干作为过冬存粮，其中会加入桤叶唐棣的果实来调味。桤叶唐棣的果实现已成为商品水果。

栽培：唐棣宜移栽。土壤环境以湿润、排水力良好的酸性土为宜。唐棣在全日照或半阴环境下长势最好。该属植物较不耐空气污染。

夏天的加拿大唐棣

植物档案
大花唐棣

学名：Amelanchier x grandiflora。**科：**蔷薇科。**植株类型：**小型落叶观花乔灌木。**用途：**早春赏花朵；灌木花境；打造野态景观。**高度：**4.5～7.5m（人工栽培）。**生长速度：**中速。**生长习性及形态：**灌木或小型乔木，圆球形树冠。**花期：**三到四月先叶而生。**花朵：**精致的白色花簇，花芽尖端有粉色。**果实：**味道清甜的浆果状梨果，成熟后为紫色或黑色。**叶：**幼叶为紫色。**土壤及酸碱度：**排水力良好；pH5.0～6.5。**光照及水分：**全日照或斑驳日光；持续湿润的土壤。

春季的大花唐棣

花叶青木

花叶青木

花叶青木大而革质、青翠光亮且伴有金斑的树叶，以及它卓越的耐阴能力造就了这一高大灌木的价值。原生青木本为绿叶，经人工栽培后获得了美丽动人的花叶青木。

枝繁叶茂、外形俊朗挺拔的花叶青木为阔叶常绿灌木，可长至 1.8～2.7m 高，生长过程中可发展出多根肉质茎干，并从茎干上抽枝长叶。其枝条通常可以一直延伸到地面。接触到地面的嫩枝会继续生根，长出新的植株。新植株可于秋季进行移栽。花叶青木耐旱、耐城市环境，抗病虫害。有些乔木根系生长紧密，导致树底寸草不生。但花叶青木却可以在这样的环境下存活。花叶青木可以群植于阴暗的墙边，使整体景致更为柔和；也可以种于光线不足的角落，以带来一抹明亮的色彩；还可以作为

花叶青木

背景树篱，衬托多年生花卉或杜鹃等小型观花灌木。在寒冷地区，可将花叶青木种在盆中，置于庭院或露台花园当作屏障或背景绿植。只要确保房间明亮凉爽，花叶青木可以轻松在室内度过一整个冬季。

桃叶珊瑚属植物雌雄花异株生长。花叶青木为雌株，在经雄株授粉之后结硕大的红色浆果，且会留存枝头，久久不落。栽培种"斑叶"为雄树，其叶有黄白色斑点。"淘金仕"叶片上的金斑比花叶青木多，高度仅为 1.2～1.8m。

栽培：花叶青木的容器苗宜于早春或夏末移栽。该植株在排水力良好、富含有机物质的腐殖土中长势最好。花叶青木耐寒，且对土壤酸碱性适应力较强，该树种喜阴。晚冬和夏末是修剪花叶青木以控制其枝条长势和高度的最佳时间。

植物档案
花叶青木

学名：Aucuba japonica "Variegata"。**科**：山茱萸科。**植株类型**：长有花叶的阔叶常绿植物。**用途**：屏障、树篱、背景灌木以及庭荫树。**高度**：1.8～2.7m 或更高。**生长速度**：慢速。**生长习性及形态**：直立圆球形。**花期**：三到四月。**花朵**：雌花长在叶腋中；雄花形成 5～10cm 长的直立尾状花序。**果实**：雌株生猩红色的浆果状核果；种植青木雄株为雌株授粉。**叶**：坚硬、革质、椭圆形；长度为 7.6～20cm；上部墨绿且富有光泽，并带有黄色花斑。**土壤及酸碱度**：排水力良好且富含腐殖质；酸碱度耐受范围广。**光照及水分**：中等荫蔽到浓阴；喜持续湿润的土壤但也耐旱。**修剪季节**：早春、夏季。

花叶青木

醉鱼草
别称"蝴蝶灌木"

互叶醉鱼草

醉鱼草属植物为耐性良好的落叶观花灌木和乔木,其芬芳四溢的花香极易引来蝴蝶,因此其英文名为"Butterfly Bush"(蝴蝶灌木)。该属最常见的树种为大叶醉鱼草,在一个生长季内能长高1.8~2.4m。从七月一直到霜季,大叶醉鱼草会不断抽生出细长的垂拱形藤状枝条轻拂地面。夏末时节,枝头长满10~25cm的穗状花序,其花中心橘黄,且伴有清香。大叶醉鱼草花蜜丰富,会吸引很多蜂鸟、蜜蜂和蝴蝶前来采蜜。该树叶片狭窄,约10~25cm长,叶面呈灰绿色,背部为银色。市面上有很多大叶醉鱼草的栽培种可供选择,其中"洁白花束""粉色喜悦"和花朵深紫色的"黑暗骑士"都广受欢迎。"小丑女"开紫红色花,新叶叶缘为黄色,之后变为乳白色。

此外,还有一些鲜为人知的品种,能够满足某些特定的造景需求。小型花园可选择南湖醉鱼草的矮型栽培种。南湖醉鱼草高约1.2m,外形姣好,其中栽培种"Mongo"和"Monum"最为美丽。这两种栽培种通常以"Petite Indigo"(娇小靛蓝)和"Petite Plum"(娇小紫红)的商品名进行出售。若想挑选一株小型的垂枝乔木,那么高约3.6m的互叶醉鱼草是非常不错的选择。其叶片娇嫩,在春季中期开出一

簇簇丁香紫的清香花朵。半常绿的球花醉鱼草高1.8~4.5m,有芳香。

球花醉鱼草

栽培:醉鱼草宜移栽。通常于早春或秋季将其移栽至排水性良好、肥力足的中性土壤中。醉鱼草喜全日照。及时掐掉枯萎花朵有助于促进开花。大叶醉鱼草在寒冷的冬天里可能会冻枯萎缩,但通常会自行恢复活力。大叶醉鱼草在新枝上开花,为了促进其生长,可在晚冬时节将苗木短截至离地0.3m高以内。互叶醉鱼草及其栽培种在旧枝上开花,因此可以在花开过后将老旧枝剪除,只保留2/3的较新枝条。

植物档案
大叶醉鱼草

学名:Buddleia davidii。**科**:马钱科。**植株类型**:落叶观花灌木。**用途**:灌木和多年生花卉花境、蔷薇园的补空植株、野生花园造景。**高度**:1.8~2.4m。**生长速度**:快速。**生长习性及形态**:直立形或垂拱圆球形。**花期**:七月中到霜季。**花朵**:花朵娇小并带有芳香;管部位橙色;形成10~25cm长的穗状花序。**果实**:不显眼;0.6~0.8cm长的蒴果。**叶**:柳叶形;灰色与蓝绿之间;10~25cm长;叶片上表面为墨绿,叶底为银白色;带绒毛。**土壤及酸碱度**:排水力良好且肥沃的中性土壤。**光照及水分**:全日照;不耐根部潮湿。**修剪季节**:晚冬,早春;掐掉枯萎花朵以促进开花。

大叶醉鱼草

帚石南

"科贝特红"
帚石南

帚石南为慢速生长、树形娇小的常绿灌木。夏末时节，英格兰北部、苏格兰和欧洲的酸性土壤荒原上可以看到大片盛放花朵的帚石南。该树种高仅为0.9m，向上生长的枝条长满了娇小重叠的墨绿色鳞状叶。帚石南的花朵很小，呈钟形或坛状，颜色为紫粉色。开花时，许多小花形成紧密的花簇覆盖于枝条上，远远望去如同一团彩色的薄雾。帚石南花的明艳色彩会吸引蜜蜂前来。帚石南在花园中通常作为饰边植物，或种于灌木之前；也可以将其种在假山花园中为花境增添层次感和繁茂感。另外，将帚石南作为地被植物种在公路边或山坡上，也能打造出自然野态的景致。帚石南在室内花开持久，其花瓣深裂，很适合做干花。

帚石南的栽培种多达成百上千种，花期从夏季一直延续到秋季。美丽可人的白花重瓣帚石南会在九月和十月开花；而一直以来受人欢迎的"威克洛郡"则在八月盛开美丽的正粉色重瓣花朵。"比尔"长有银色叶片，于九、十月盛开银粉色重瓣花朵。晚冬时节，"春日火炬"的枝头树叶红艳似火，花朵为薰衣草紫粉色。"金色迷雾"全年都长有淡金色的枝条，

种于园林前景的帚石南（"维克沃火焰""红翅"和"银后"）

并于八、九月份开白色花朵。若想挑选一种帚石南来装饰假山花园，高约15cm、茂密的圆丘形"福克斯矮种"则是理想之选。

栽培：在移栽帚石南时需要多加呵护。在早春时节将容器幼苗移栽到排水力良好、有机物含量少的砂质腐殖土中，土壤以pH6.0或更低的酸性环境为宜。帚石南在全日照下开花最繁盛。该树可以耐受半阴环境，旱季需要浇灌。为了让苗木长得更茂盛、开花更多，在移栽后将领导枝的尖端剪掉。每年三月末或四月生长季开始时，为上一季长出的生长力旺盛的枝条进行中短截修剪。

"火焰"帚石南

植物档案
帚石南

学名：*Calluna vulgaris*。**科**：杜鹃花科。**植株类型**：矮型常绿观花灌木。**用途**：饰缘、花卉花境、地被植物。**高度**：45～61cm。**生长速度**：慢速。**生长习性及形态**：向上枝展的毯状树形。**花期**：八月到十月。**花朵**：钟形或坛形小花组成2.5～25cm的总状花序。**果实**：十月结不显眼的蒴果。**叶**：紧密生长的娇小常绿鳞叶，让树形看起来方方正正。**土壤及酸碱度**：排水力良好；pH6.0或更低。**光照及水分**：全日照以促进开花；耐半阴；持续湿润的土壤。**修剪季节**：冬季生长季之前；花开过后掐掉枯萎花朵。

山茶

山茶属植物原生于中国和日本，包含一系列美丽的常绿灌木和小型乔木。其叶片为鲜艳的橄榄绿，花朵美丽多瓣，时有清香。山茶属有复瓣或重瓣栽培种，颜色有白色、粉色、玫红、赤红、紫红或双色。在温暖的南部地区，山茶会在深秋或冬季开花；而在冬季较为漫长的地区，山茶则会在早春开花。山茶不仅可作为孤植树，也可当作花篱或灌木花境。北方地区通常将山茶种在温室当中。

茶梅　　　　　　　　　　　　　　　　茶梅

最为广泛种植的山茶种为日本山茶。其栽培种通常可长至 3～4.5m 或更高。日本山茶花期为晚冬或早春，花朵硕大，直径可达 13cm。

娇小可人的茶梅不如日本山茶耐寒。若种植在寒冷地区，需要为其提供防寒措施以防止其受风而干枯。但是茶梅通常可耐受强日照。冬季时，需要

日本山茶结出的果实

为其铺上 13～15cm 厚的护根物，并用粗麻防风布或园艺地布加以保护才能防止花苞冻伤。

美国国家植物园培育出了一批可以耐寒的山茶品种，这些栽培种被命名为"飞雪""冬之梦""冬日蔷薇""冬日魅力""冰霜皇后"以及"肉桂辛迪"。有些耐寒栽培种带有芳香。

栽培：山茶花移栽过程需多加呵护。于早春时将容器幼苗移栽至排水力良好、湿润、富含腐殖质的酸性土壤中。需为山茶苗木提供防护，避免午间日晒及冷风。定期摘除枯萎花朵有助于新花绽放。待可明确看到新生芽点时，再剪除冬季冻死的枝条，山茶属植物通常不需要每年修剪。但是，若植株长势杂乱，可以将长枝剪短，只保留粗壮挺直、向外伸展的侧枝和芽，以促进开花。若想通过修剪而让老旧植株重焕新生，则需要连续三个早春将 1/3 的老旧枝剪除。

植物档案
日本山茶

学名：Camellia japonica。**科**：山茶科。**植株类型**：大型阔叶常绿观花灌木。**用途**：孤植树、群植在灌木花境中。**高度**：3～4.5m。**生长速度**：慢速。**生长习性及形态**：金字塔形。**花期**：十一月到四月。**花朵**：形似银莲花或蔷薇，颜色为白色、粉色、红色或多色齐放。**果实**：2.5cm 的木质蒴果。**叶**：5～10cm 长的革质墨绿色椭圆形叶片，叶缘带有锯齿；常绿。**土壤及酸碱度**：排水力良好且富含腐殖质的酸性土壤。**光照及水分**：半阴；保持土壤水分。**修剪季节**：花开过后。

日本山茶

美洲茶

美洲茶属灌木开花繁盛。北美洲东西海岸都可找到本土树种，但尤以在加州地区的最受欢迎。其花呈蓝色、紫色、粉色或白色，或成簇盛放，或像丁香花一样形成穗状花序。常绿种美洲茶花期为春季，落叶种则为夏季开花。

新泽西茶开白花，是美洲茶灌木中最耐寒的一种，从加拿大东部到曼尼托巴省再到美国得克萨斯州都能找到它的踪影。新泽西茶树形娇小，枝叶繁茂，是非常迷人的夏花灌木，但不宜于移栽。目前已经

"半圆"加州丁香

以新泽西茶为原种培育出了开花更盛更美的杂交品种。

杂交种美洲茶广泛种植于西海岸，种植范围从加拿大不列颠哥伦比亚省一直到加州南部。杂交种美洲茶统称为"蓝花"或者"加州丁香"，通常为高 1.8～3.6m 的常绿灌木。杂交种美洲茶作为自然风树篱和孤植灌木尤为美观。栽培种"霜蓝"生有硕大的亮蓝色花簇，上面

"玛丽西蒙"加州丁香

又镀着一层寒霜般的白色。"乔伊斯"则为树形低矮的圆丘形灌木，高度只有 0.6～1.2m，但横向枝展可达 2.4～3m。其花为蓝色，中型尺寸。"茉莉亚"高约 1.2～2.4m，开靛蓝色花朵。"半圆"的树高和枝展都能达到 1.8m，花为深蓝色。该栽培种比其他美洲茶属灌木更耐潮湿。

"洋基角"灰叶美洲茶（野丁香）

南加州苗圃中可找到聚花美洲茶的常绿栽培种。聚花美洲茶极不耐寒，但依然凭借俏丽外形广受欢迎。该树种成树可长至 3.6m。有些栽培种比原种耐寒性稍强。有代表性的栽培种有开天蓝色花的"路易·艾德蒙"，该栽培种可以耐受黏重土壤以及潮湿环境，成树为 1.8～5.4m 高。另一栽培种"飞雪"亦称"加州白丁香"，体型稍小，只有 1.8～3m 高。"维多利亚"花期为春季，花为深蓝色。该栽培种耐修剪，是所有栽培种中最耐寒的品种。

栽培：美洲茶宜移栽，移栽时间选初秋或春季。土壤应排水力良好、中性偏碱。环境以干燥且日照充足为宜，忌潮湿。四月份对其进行修剪以维持娇小树形及促进开花。

植物档案
加州丁香

学名：Ceanothus thyrsiflorus "Victoria"。**科**：鼠李科。**植株类型**：阔叶常绿观花灌木。**用途**：外观柔和的自然风树篱、屏障、海滨公园防风树。**高度**：2.7m。**生长速度**：中速。**生长习性及形态**：直立生长，树形高大且枝展宽阔。**花期**：春季。**花朵**：深蓝色花簇。**果实**：三瓣裂蒴果。**叶**：长椭圆形的墨绿色叶面。**土壤及酸碱度**：排水力良好或稍微干燥的中性或碱性土。**光照和水分**：全日照；浇灌之后需待土壤干燥后再进行下一次浇灌。
修剪季节：早春修剪以维持紧密的树形。

聚花美洲茶（野丁香）

木瓜海棠

春季开花的灌木之中，最为美丽动人的当数木瓜海棠。冬日还未结束，木瓜海棠便迫不及待地在生叶前开花。其花色多彩，有猩红、珊瑚红，或粉红或洁白。乍看之下，美丽的花朵仿佛从树皮中钻出绽放，与苹果花如出一辙。秋季花开过后，树上便结满5cm左右大的果实。果实为黄色，质地坚硬，形似榅桲，有淡淡清香。其新叶为红色、玫红或红铜色，后逐渐变为富有光泽的鲜绿色。木瓜海棠的树枝在生长过程中不断铺展延伸，最终会形成非常优雅的不对称外形。该类灌木作为自然风树篱尤显迷人雅致，同时也是孤植树和树墙的理想之选。木瓜海棠的枝条可通过人为方式促进开花，放进花束中也是非常不错的点缀。

日本木瓜是木瓜海棠属中体型较小、耐寒性较差的树种。该树种早在十九世纪就被引进西方国家并广受欢迎，当时人们称之为"精灵之火"现今已有很多花朵各异、亮眼迷人的栽培种日本木瓜，有些开蔷薇似的花、有些开复瓣花、有些则开像银莲花一般的花。"宝石"开花繁盛，花朵硕大，为桃粉色重瓣花，绽放时间很长。"飞机云"是一种高约0.9m的白花栽培种。"得州猩红"花色红艳如火，可在美国中西部和西海岸的苗圃中买到。

日本木瓜和皱皮木瓜的杂交种华丽木瓜树形比原种小，但开花却硕大无比且绮丽异常，十分适合

"洛瓦林"华丽木瓜

皱皮木瓜

种在灌木花境前、当作树篱或饰缘灌木。华丽木瓜在温暖地带可于秋季开花。

栽培：春秋时，将木瓜海棠移栽至pH5.5 ～ 7.0的壤质土中。木瓜海棠喜全日照。该属灌木在旧枝上开花，且多开在短枝上。在五月份之前，植株花谢之后将所有老旧藤状枝条和吸根剪除，以维持开心形冠形。待夏季新枝坚韧之后，将交错枝和长势不美观的枝条剪除。最后，待树叶掉落之后，将所有主枝截短，只保留两到三个新芽。

植物档案
皱皮木瓜

学名：Chaenomeles speciosa。**科**：蔷薇科。**植株类型**：落叶观花灌木。**用途**：孤植树、自然风树篱。**高度**：1.5～3m。**生长速度**：0.3m/年。**生长习性及形态**：枝展宽阔、圆球形树冠。**花期**：早春。**花朵**：白色、粉色、珊瑚色或猩红色；2.5～3.8cm的碗形五瓣花，雄蕊数量多。**果实**：秋季结坚硬的黄绿色梨果且一直会在枝头留存至霜季。**叶**：3.8～7.6cm长；椭圆形到矩形；叶缘带有锋利锯齿；新叶为古铜色，后变为油亮的鲜绿色。**土壤及酸碱度**：壤质土；pH5.5～7.0。**光照及水分**：全日照；保持土壤水分，但也可以耐一定程度的干旱。**修剪季节**：花开过后。

皱皮木瓜

岩蔷薇

俊丽优雅、树形低矮的岩蔷薇来自地中海地区，多为常绿灌木。岩蔷薇花开正盛时优美，其余时候也俊秀异常，且十分坚韧。该属植物会在六月到七月的几周中陆续开花，怒放的花朵硕大醒目，但每朵花都只开一天便会凋谢。岩蔷薇耐碱性土壤，还能抵抗强风，因此成为美国东西海岸的钟爱之选。夏季干燥、无霜或少霜的南方地区也很喜欢种植岩蔷薇。

岩蔷薇属原种花朵最大的为岩胶蔷薇，亦称"劳丹脂"或"棕斑岩蔷薇"。岩胶蔷薇成树高约 0.9～1.5m，花朵直径约为 10cm，为单瓣白花，花瓣基部有栗红色斑点。其叶粘质且有芳香。叶面为墨绿色，叶底则为白色。耐寒性稍差的杂交种紫花岩蔷薇开紫红色花，花瓣基部有栗红色斑点。

岩胶蔷薇

紫花岩蔷薇

紫花岩蔷薇

紫花岩蔷薇树叶狭细，为鲜绿色。杂交种矮粉花岩蔷薇树形低矮、利落端庄，在日照充足且干燥的地区长势喜人。

栽培：岩蔷薇属灌木不宜移栽。早春时节，在植株尚未进入生长季时，将容器幼苗植入排水力良好的弱碱性轻质砂土中。岩蔷薇生长需要全日照的干燥环境。在春季生芽时将冬季冻伤的枝尖剪除，不要在旧枝上进行修剪。除此之外，无须进行其他修剪操作。

植物档案
岩胶蔷薇

学名：Cistus ladanifer。**科**：半日花科。**植株类型**：常绿观花灌木。**用途**：孤植树、海岸或沙漠花园植株。**高度**：0.9～1.5m。**生长速度**：中速。**生长习性及形态**：直立且枝展宽阔；树冠顶部圆润。**花期**：六月到七月。**花朵**：10cm的白花，每个花瓣的基部都有红色斑点；单花，但开花繁盛。**叶**：常绿、叶片纤细，长2.5～10cm，黏质；叶上表面为浓重的墨绿，叶底为白色。**土壤及酸碱度**：排水力良好的碱性轻质土。**光照及水分**：全日照；较耐旱。**修剪季节**：早春。

矮粉花岩蔷薇

岩蔷薇

桤叶树
别称"甜胡椒"

桤叶树属植物的白花芳香沁人，是夏日花园中不可多得的美景。原生于美国东部地区的桤叶山柳在潮湿的地带和沿海花园中能够适应环境呈野生生长状态。桤叶山柳树叶茂密，青翠光亮，在秋季变为橙黄色；而到了冬季，其光秃秃的树枝又能展现出趣味十足的线条。这些特点都让桤叶山柳成为家庭花园中十分珍贵的观赏树种。

七八月份是桤叶山柳花开繁盛时期，花朵形成毛绒绒的圆锥形小花序。桤叶山柳花香扑鼻，几株盛开便可香飘满园。其芳香的花朵也是蜜蜂的最爱。桤叶山柳有许多尺寸、花色各异的栽培种：体型娇小的"玫粉"开花为粉色花；"辛香红宝石"高约1.8～2.4m高，花期全树开满深玫红色的芳香花朵；

"粉塔"叶片油亮，玫粉色花苞绽放后为柔美的淡粉色。枝形紧密的"蜂鸟"生长缓慢，树冠为圆丘形，开大量带有怡人清香的白花。

与桤叶山柳类似的绒毛桤叶树在南部地区非常受欢

髭脉桤叶树

迎，该树于九月开花。若为大型花园挑选桤叶树，高达9m的髭脉桤叶树则是不错之选。该树清香的白花形成10～15cm长的总状花序。秋季花开过后，髭脉桤叶树会结果，果实经久不落。其树叶在秋季会变为红色或黄色。

栽培：土球苗或容器苗宜移栽。土壤应肥力足、湿润且排水力良好。桤叶树可以适应pH4.5～7.0的土壤，且在全日照或半阴环境下长势喜人。冬季时，将旧枝截短至贴地高度。

桤叶山柳

植物档案
桤叶山柳

学名：Clethra alnifolia。**科**：桤叶树科。**植株类型**：落叶观花灌木，带有芳香。**用途**：花园群植、打造野态景观、海滨花园。**高度**：0.9～2.4m。**生长速度**：慢速。**生长习性及形态**：直立、顶端圆润。**花期**：七月到八月。**花朵**：1.3cm长的白色花朵形成5～15cm长的直立总状花序；花香清甜。**果实**：干质蒴果；整个冬季都会留存枝头。**叶**：4.4～10cm长，1.9～5cm宽的矩形叶；叶缘带有锋利锯齿，叶片上下面都富有光泽。**土壤及酸碱度**：肥沃且排水力良好；pH4.5～7.0。**光照及水分**：全日照或半阴；在湿润土壤中长势最好。**修剪季节**：早春。

桤叶山柳

枸子

矮生枸子

枸子属植物为外形优雅的常绿或半常绿灌木。其叶纹理精致，蔓延的枝条姿态迷人。春季时，娇俏的粉色或白色小花争相开放；而到了秋季又有红色或黑色的果实点缀枝头。该属灌木高度各异，既有高度约 3～4.5m 的柳叶枸子，也有树形低矮、用于做地被植物或修饰墙垣的树种，如高 0.3～0.45m 的匍匐枸子，以及层叠圆丘树形、枝展可达 1.8m 以上的矮生枸子。

柳叶枸子

中型大小的平枝枸子是该属植物种植最为广泛的一种。平枝枸子为半常绿灌木，身形直立，冠为层叠圆丘形，最高可达 0.9～1.5m。平枝枸子开淡粉色花，可结大量红色果实。秋季时，其叶变为猩红与橙色之间，直到冬季都还挂于枝头。其斑叶栽培种彩斑平枝枸子的叶片在秋季会变为玫红色。

枸子属中的甘南灰枸子和散生枸子都很适合通过修剪和塑形成为树篱或屏障。甘南灰枸子树形圆润，高为 1.8～3m。甘南灰枸子开粉花，秋叶呈红黄色。散生枸子生长速度很快，高 1.5～1.8m，其花为粉色，秋叶为紫红色。

匍匐枸子

栽培：枸子容器幼苗宜于早春移栽至日光充足的地点。枸子对土壤环境要求不苛刻，只要满足排水力良好且湿润即可，对酸碱度无要求。枸子不喜根部土壤过湿，在扎根之后可以耐受一定程度的干旱。枸子属灌木在旧枝上开花，不太需要修剪。如需修剪，应选其浆果掉落之后再进行操作。若想让平枝枸子依墙而生，选取若干相隔较远的主枝固定于墙面，再任主枝生长侧枝。若用平枝枸子打造自然风树篱，则应在生长季对其进行选择性地轻修剪，以保证树篱不会长势过剩。若用其打造规则式树篱，则依需求进行轻修剪即可。

植物档案
平枝枸子

学名：Cotoneaster horizontalis。**科**：蔷薇科。**植株类型**：枝展宽阔的观花观果灌木，近常绿。**用途**：地被植物、屏障、群植、树墙。**高度**：0.9～1.5m。**生长速度**：慢速到中速。**生长习性及形态**：层叠式圆丘形。**花期**：五月到六月。**花朵**：不起眼的小粉花。**果实**：直径为0.6cm的亮红色球状果实。**叶**：叶片扁平、0.5～1.3cm长、宽度略小；上面墨绿且富有光泽。**土壤及酸碱度**：排水力良好的砂质土或黏土；扎根后耐盐；pH6.0～7.0。**光照及水分**：全日照到高大乔木笼罩下的多阴环境；需水分但在扎根之后可以耐旱。**修剪季节**：结果之后。

平枝枸子

日本柳杉

"富兰克林"日本柳杉

"矮小圆球"日本柳杉

日本柳杉是外形优美的常绿乔木。"矮小圆球"为其灌木变种，外观为圆锥形。该变种树叶轮生，叶形扁平，长约1.3～2.5cm，成树叶色变为蓝色，在寒冷天气下又变为锈红色。该变种生长速度缓慢，成树可长至0.6～1.5m。"矮小圆球"是非常适合装饰假山花园的常绿灌木，也常用于打造灌木花境，以及作为大型多年生花卉花境的背景绿植。该树种在防风保护得当的情况下可以种植于海滨花园。其栽培种"优雅"能长至4.5m，冬季叶片呈棕红色。"优雅"经过修形可以成为非常优秀的规则式树篱，修形时间为每年八月。"富兰克林"是日本柳杉的非矮型栽培种，能长至0.9～1.2m高，叶片为蓝绿色。

栽培：容器柳杉苗易移栽。土壤环境以排水力良好、湿润、肥力充足、pH6.0～6.7微酸性的适耕轻质土壤为宜，但也可以适应黏重土壤。柳杉喜全日照，但是在浓阴环境也可生长。生长过程中需要施以防强风保护。矮种日本柳杉通常无须修剪。

"矮小圆球"日本柳杉

植物档案
"矮小圆球"日本柳杉

学名：Cryptomeria japonica "Globosa Nana"。**科：**杉科。**植株类型：**矮型常绿灌木。**用途：**孤植树、基础植物、落叶灌木和多年生花卉的背景植物。**高度：**0.75～1.5m高，枝展为0.75～1.35m。**生长速度：**慢速。**生长习性及形态：**紧密、穹顶形、金字塔形。**果实：**深棕色圆球状球果，长度约1.3～2.5cm。**叶：**常绿，可以在枝头留存4～5年；0.6～1.9cm长，呈螺旋形排列。**土壤及酸碱度：**肥沃、排水力良好且湿润的深层土；pH6.0～6.7的微酸环境。**光照及水分：**多阴；需防风保护；在湿润土壤中长势最好。**修剪季节：**生长结束之后。

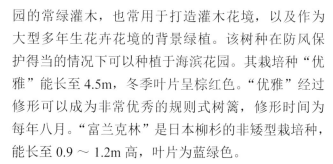

"矮小圆球"日本柳杉

瑞香

金边瑞香

"卡萝尔麦凯"丛生瑞香

欧洲瑞香

瑞香属植物为生长缓慢、树形低矮、枝展宽广的常绿或半常绿灌木。其花芳香怡人，开花后结色彩明丽的多肉果实。瑞香属灌木原产于南亚和西亚地区。该属内最为耐寒的树种为半常绿栽培种"萨默塞特"丛生瑞香。该栽培种高约0.9～1.2m，枝展可达1.8m。"萨默塞特"叶片亮绿，冬日也不会落下。其花期为晚春时分，且通常于夏季还会二次开花。"萨默塞特"花开繁盛，星星状的淡粉色花朵香气怡人。若种植于美国西北州的海滨花园中，其花期可以从冬季中期一直持续到春季中期。外形俊美的"卡萝尔麦凯"叶缘镶有金边。"鲍尔斯白花"二月瑞香与"萨默塞特"耐寒性相似。

欧洲瑞香原生于南欧和中欧的高山上。该常绿灌木高约0.3m，枝繁叶茂，通常用来装饰假山花园，或当作地被植物以及饰缘灌木。春季中期，一朵朵芳香四溢的蔷薇状小花全树绽放，并常在夏季二次开花。欧洲瑞香的栽培种"斑叶"叶缘为乳白色。另一栽培种"小矮人"则为匍匐灌木。

金边瑞香是香气最为浓烈且最易种植的一种瑞香。在冬季温暖的生长环境下，金边瑞香可以保持常绿状态，且能缓慢生长至1.2～1.5m。早春时节，金边瑞香深红色的花芽会绽放为一朵朵芳香浓郁的白花。

栽培：瑞香属灌木较难移栽，需要在早春时将容器幼苗移栽到排水力良好、富含腐殖质的中性壤质土中。瑞香在全日照下花开最盛，通常无须修剪，但如需要，则应在花期过后、七月中旬之前进行。

植物档案
丛生瑞香

学名：Daphne x burkwoodii。**科**：瑞香科。**植株类型**：带有花香的半常绿观花灌木。**用途**：孤植树。**高度**：0.9～1.2m。**生长速度**：慢速。**生长习性及形态**：圆球形，枝叶繁茂。**花期**：春季中期。**花朵**：带有香气的花组成浓密的尾状花序；花乳白，稍带粉色，约5cm宽。**果实**：秋季结红色浆果。**叶**：矩形、5cm长；亮绿色，可以留存枝头直到深秋。**土壤及酸碱度**：排水力良好的壤质土；中性环境。**光照及水分**：全日照以促进开花；土壤不宜过干或过湿。**修剪季节**：花期过后，七月中旬之前。

晚春时节的"萨默塞特"丛生瑞香

溲疏

溲疏属植物为外观优美亮丽的落叶观花灌木。溲疏虽与山梅花有亲缘关系，但花却不似山梅花一样芳香扑鼻。市面上最常见的溲疏属灌木为细梗溲疏。该灌木高仅为 0.6～1.2m，枝形紧密又娇小优雅。细梗溲疏每到四月末五月初时，大片大片洁白柔美的小花便会开满全树。秋季来临时，其叶片便会染上一层淡淡的酒红色。将细梗溲疏种在灌木边界的前排更能凸显其花的柔美。此外，该树种也很适合种在假山花园中，或用于打造颇具自然风格的树篱。"冰生"细梗溲疏是广受喜爱的矮型栽培种，高仅 0.3～0.6m，但枝展十分宽广。其叶片在秋季会变为酒红色。齿叶溲疏同样也有"冰生"变种。"冰生"栽培种"玫粉"开花繁盛，花形为钟形，呈粉色。

雪球

"雪球"齿叶溲疏

其他色彩斑斓的栽培种较难在市面上找到，但也值得一番搜寻。莱莫恩溲疏形似"雪球"，该栽培种能长到 1.5～2.1m 高，耐寒性更好。月桂溲疏的花朵外侧为洋红色，内侧则为白色。月桂溲疏枝展优雅，能长至 1.2～1.5m 高。宁波溲疏高约 1.8m，花朵柔细呈粉白色。栽培种金叶溲疏的叶片带有柠檬黄色花条纹。

栽培：溲疏容器苗易移栽。移栽土壤以排水力良好、富含腐殖质的壤质土为宜。溲疏对土壤酸碱度无要求。全日照下花开最盛，但在明亮的荫蔽地带也能良好生长。花期过后，将坏损枝条剪除，并将一部分旧枝截短至贴地高度以促进新生。

植物档案
细梗溲疏

学名：Deutzia gracilis。**科**：绣球科。**植株类型**：落叶观花灌木。**用途**：灌木花境之前、饰缘植物或树篱植物。**高度**：0.6～1.2m。**生长速度**：慢速到中速。**生长习性及形态**：低枝、枝展宽的圆丘形。**花期**：五月末。**花朵**：1.3～1.9cm大的纯白小花形成直立的圆锥花序。**果实**：蒴果。**叶**：纤窄的椭圆形绿叶，长度为2.5～6.3cm，叶缘带有少量锯齿。**土壤及酸碱度**：排水力良好且富含腐殖质；酸碱度耐受范围广。**光照及水分**：全日照或明亮的半日照环境下；持续湿润环境。**修剪季节**：花开过后。

细梗溲疏

欧石南

达利欧石南

欧石南属植物为常绿灌木。其树形低矮，通常低于0.3m；但其枝展宽广，很快就会长成圆丘形树冠，并披有茂密的细小针叶。欧石南属灌木的花期从一月份持续到三月末，期间管状小花成簇盛开。该类灌木最常种植于多年生花卉花境之前，或作为自然野生的地被植物；也可将其种在不起眼的角落花境中或用来装饰假山公园。

高为3.6～5.4cm的散生欧石南以及春欧石南是最广泛种植的两种欧石南。散枝欧石南的栽培种"D.F.麦克斯韦太太"是最耐寒的品种之一。该树拥有亭亭玉立的外观和斑斓的色彩，每年七月到十月便会开出樱桃红的鲜艳花朵。春欧石南外形与帚石南类似，在温暖的地区一月份开花。生长在更北边的春欧石南则会延至春季开花，花期可以一直持续到五月份。春欧石南有很多受人喜爱的栽培种，如花开清透深粉的"乔治国王""春木白"和"春木粉"，

"维韦利"春欧石南

以及开洋红色花、冬叶为古铜色的"维韦利"。树高1.8～3.6cm的达利欧石南有很多开白色花、粉色花、红色花、紫红色花的多彩栽培种可供选购。

欧石南属中也有一些较为大型的品种，高度在0.9～1.5m，比如爱尔兰欧石南的两个栽培种"地中海粉红"和"爱尔兰黄昏"。

栽培：欧石南易移栽，在排水性良好、富含有机质、pH5.0～6.0的酸性砂质或壤质土中花开最盛。欧石南喜全日照或半日照，土壤应保持湿润。夏季开花的散枝欧石南应于每年三月新一轮生长季开始时进行修剪。冬季开花的春欧石南则应于每年春天花落、新一轮生长季开始时修剪。修剪时不要剪到旧枝。

植物档案
春欧石南

学名：Erica carnea。**科**：杜鹃花科。**植株类型**：低枝宽阔的常绿灌木。**用途**：地被植物、打造野态景观、岩石公园造景以及种于多年生花卉花境之前。**高度**：3.6～5.4cm。**生长速度**：慢速。**生长习性及形态**：低枝、枝展宽、圆丘形。**花期**：晚冬和早春。**花朵**：坛形、0.6cm长的花朵形成长度约2.5～5cm的直立总状花序。**叶**：鲜绿色针叶，长约1.3cm。**土壤及酸碱度**：排水力良好、砂质或壤质的酸性土；pH5.0～6.0。**光照及水分**：全日照下色彩最美；保持土壤湿润。**修剪季节**：新生开始时修剪。

"春木白"春欧石南

连翘

连翘属植物为落叶观花灌木。其外形粗犷美丽，明丽的黄色小花会在每年晚冬或早春时节生叶前开满枝头。其夏季长出的花苞早在入秋以前就含苞待放，只要冬季气候稍微回暖便会零星绽放。连翘属

"春日佳丽"金钟连翘

"比阿特丽克斯·法兰德"
金钟连翘

灌木的树叶会在天气转凉时变为橙色或梅红。连翘生长速度很快，可以作屏障、自然风树篱、当作较高的地被植物，以及种在山坡防止土壤冲蚀。连翘很耐修剪，可以通过整枝将其驯化为树墙。晚冬时节，将含苞待放的连翘树枝截断并插在冷水中，可以促使其在室内开花。

"夺目"金钟连翘是非常受欢迎的栽培种。其高度为2.4～3m，树形直立，枝条呈拱形，外观醒目。金钟连翘有很多受人喜爱的栽培种，如开亮黄花的"林伍德"、2.4m高且开流黄色花的"春日荣耀"，和1.5～2.4m高的"矮小"。

"矮小"的枝条触地即生根，是非常优质的地被植物。"金色浪潮"高度不足50cm，宜种于山坡之上。"北方朝阳"和"草地鹨"花芽耐寒性极好。在美国

佛蒙特州北部等寒冷地区，连翘只有在冬季最寒冷的时候才会开花,而且花只开在被雪覆盖的枝头。因此，生长在这里的连翘很可能只有最底部0.9m可见花朵，而再往上则空无一花。

连翘属下的连翘垂坠摇曳的枝条长达6～9m。可以将垂枝的连翘依矮墙而种，打造枝条垂落、轻拂墙面的婀娜风姿。该树种美中不足之处在于其花开不盛。

栽培：连翘以裸根、土球包根或容器苗的形式都很好移栽。连翘最喜排水力良好、pH6.0～8.0的壤质土，但也能适应大多数其他土壤。连翘可以耐受一定程度的干旱。为使花开最盛，应将植株置于全日照环境。连翘在上一季长出的旧枝上开花。应在花期过后将开花稀少的细小老枝剪除。若连翘本身树形直立，应尽量让其自然生长。

植物档案
金钟连翘

学名：Forsythia x intermedia "Spectabilis"。**科**：木樨科。**植株类型**：落叶观花灌木。**用途**：孤植树、灌木花境、屏障、树篱。**高度**：2.4～3m。**生长速度**：快速。**生长习性及形态**：直立、垂拱。**花期**：晚冬到早春。**花朵**：淡黄到亮黄。**果实**：不显眼的棕色蒴果。**叶**：7.6～12.7cm长，尖端有分齿；秋季为古铜色和梅红色之间。**土壤及酸碱度**：排水力良好；酸碱度耐受范围广。**光照及水分**：全日照下花开最盛；可以耐受一定程度的干旱。**修剪季节**：花开过后。

"夺目"金钟连翘

栀子

"白宝石"栀子

栀子属常绿灌木通常高 1.2 ～ 1.8m，其花蜡质，颜色洁白，香气之浓郁堪称花中之最。栀子属灌木先生叶后开花，其叶长约 10cm，革质，颜色亮绿；在叶片生长完全之后，朵朵白花才于春夏翩翩盛放。栀子属原生于中国，在温度较低的地区，人们通常将其种在花盆中，夏季置于室外，冬季再搬回室内越冬。栀子在全日晒（将其置于朝阳的窗边）并且室温凉爽的室内环境下，可以持续生出花芽。

栀子为栀子属灌木中种植最为广泛的一种，可以长至 1.8m 高，有重瓣和矮型栽培种。"白蟾"和"八月丽人"都为重瓣栽培种，后者可长至 1.5m 高左右，花期很长，可以从五月份一直绽放到十一月份。"艾梅"是春季开花最早的品种；水栀子树形迷你，树冠呈圆丘形，高度只有 15 ～ 30cm，枝展为 0.6 ～ 0.9m，花叶都很小巧。水栀子是非常优质的地被植物。"花叶"水栀子的叶片有彩色斑点。"白宝石"能长到 0.6m 左右，可以用来做低型树篱。

栽培：容器栀子苗很好移栽。移栽应选在早春或秋季进行。栽种土壤以肥力足、排水力良好、湿润、pH5.0 ～ 6.5 的酸性腐殖土为宜。若想维持植株良好的外观，应时刻保持土壤湿润。栀子在全日照、明亮阴影或斑驳光照下都可茁壮生长。将枯花剪除可以促进开花。为维持植株娇小茂密的形态，可在花期过后将过长的枝条短截至理想长度。

栀子

栀子

植物档案
栀子

学名：*Gardenia jasminoides*。**科**：茜草科。**植株类型**：带香气的阔叶常绿观花灌木。**用途**：孤植树、基础植物、低矮灌木；温室植物或室内盆栽。**高度**：1.8m。**生长速度**：中速。**生长习性及形态**：直立且小枝繁茂。**花期**：春季到十一月份。**花朵**：蜡质多瓣白花，有时为重瓣花；约7.6cm。**果实**：不显眼。**叶**：富有光泽的常绿叶片，10cm长，形似柳叶。**土壤及酸碱度**：肥沃、排水力良好且富含腐殖质；pH5.0～6.5。**光照及水分**：全日照；持续湿润的土壤。**修剪季节**：花谢之后。

栀子花

白珠树

白珠树属植物为外形美丽的常绿灌木以及地被植物，野生于北美洲和亚洲。白珠树为杜鹃花科。春夏期间，白珠树会开与同科帚石南相似的钟形或坛形花朵。

沙龙白珠长约 12.5cm 的墨绿色叶片闪闪发亮，让其成为白珠树属中最为夺目的一员。沙龙白珠原产于美国西海岸，花匠们称其为"柠檬叶"，并将其应用于花艺设计中。该树树形清爽，枝条蔓延铺展，高约 0.45 ～ 0.6m。在海滨森林中经常可以看到沙龙白珠纤细的嫩枝平铺伸展，将地面覆盖。春夏期间，沙龙白珠开蜡质白色或粉色的钟形小花，形成稀疏的花簇。花开之后结紫黑色可食用果实。沙龙白珠是非常适合种在湿润酸性的林地土壤的高型地被植物；将其种在常绿植物之前也十分美观。高约 0.9m 的红粉白珠叶片光亮，于春季中期开白里透粉的钟形花朵，开花后结靛蓝色浆果。

匍枝白珠可以算作沙龙白珠来自东方的表亲。

匍枝白珠　　　　　　　　沙龙白珠

美国原住民曾用其薄荷味的果实调制茶饮以缓解风湿和退烧。匍枝白珠高不足 0.3m，是非常美观的蔓生地被植物。在美国东北的森林中能看到野生匍枝白珠的身影。

栽培：白珠树在早春时最宜移栽。栽种土壤应尽量贴近其原生地带的土壤。将容器幼苗移栽到排水力良好的泥炭土种植床中，土壤环境以偏酸为宜。白珠树在轻微荫蔽下生长最好，但也可以耐受适量的日光直晒，应保持土壤湿度均匀。白珠树通常不太需要修剪。

沙龙白珠

植物档案
沙龙白珠

学名：Gaultheria shallon。**科**：杜鹃花科。**植株类型**：低矮常绿灌木。**用途**：高型地被植物。**高度**：0.45～0.6m。**生长速度**：中速。**生长习性及形态**：不对称、枝型通透伸展。**花期**：春季到夏季。**花朵**：0.8cm长的坛形小花组成的花簇；白色或粉色。**果实**：紫黑色浆果，留存枝头时间久。**叶**：圆球形、革质、墨绿，12.7cm长。**土壤及酸碱度**：排水力良好的泥炭土；pH5.5～6.5。**光照及水分**：半阴，耐一定程度的日光直射；保持土壤水分。**修剪季节**：花开过后。

染料木

"报春花"矮丛小金雀

染料木属植物为树形低矮的落叶或半常绿灌木，原产于欧洲、亚洲和非洲。该属灌木为豆科，外形与金雀儿属植物相似。春季时分，大量如豌豆花一般夺目的黄色花朵开满枝头，待花谢之后树上结干荚果。染料木属的叶小而不起眼。冬季时分，染料木的茎干绿意依旧，为花园平添盎然生机。染料木属灌木是非常理想的饰缘植物，也是假山花园造景的不错选择。在日照充足的山坡上，染料木几乎无须养护也可茁壮生长。由于其生长迅速，因此可以种在干燥贫瘠的沙化山坡上防止土壤冲蚀。

染料木曾被用来制染料，树形直立，小枝茂密，高约0.9m，枝展宽广。其茎干多刺，叶片约2.5cm长，为亮绿色。染料木会在六月份开花，开花时明黄色的花簇覆盖枝头；若在开花后短截枝条，可能会促进其二次开花。目前染料木已经传入北美部分地区并在当地归化野生。栽培种"皇室金"高约0.6m。

染料木属有些品种更为低矮：疏毛小金雀生长速度缓慢且只能长至0.3m高。该树叶小且长有绒毛，春夏开黄花，形成短小的花簇。栽培种"温哥华金"为其多花栽培种。矮丛小金雀高约0.3m，匍匐生长，在美国西部和东北部地区十分流行。

"温哥华黄金"疏毛小金雀

矮丛小金雀

栽培：染料木不宜移栽。虽然其生长过程无须费心养护，但前期扎根需要时间。早春时节，将容器幼苗移栽至排水力良好、瘠薄、干燥的砂质土中。染料木喜碱性土壤及全日照。如果在花开过后进行修剪，则有可能促其二次零星开花。但其实染料木在无人工干预的自然生长环境下才能发展出最美观的外形。

植物档案
染料木

学名：Genista tinctoria。**科**：豆科。**植株类型**：落叶观花灌木。**用途**：防止坡体冲蚀、岩石园造景、饰缘植物。**高度**：0.9m。**生长速度**：慢速。**生长习性及形态**：树体直立、圆球形树形，小枝繁茂。**花期**：六月，有些会重复开花。**花朵**：1.3～1.9cm长的黄色花朵形成2.5～7.6cm的直立总状花序。**果实**：不显眼的荚果。**叶**：1.3～2.5cm长，鲜绿色。**土壤及酸碱度**：排水力良好、瘠薄、干燥的砂质土；pH6.5～7.5。**光照及水分**：全日照；耐旱。**修剪季节**：花季过后修剪；但最好不加修剪任其自由生长。

染料木

金缕梅
别称"女巫榛树"

"淡紫"金缕梅

弗吉尼亚金缕梅

金缕梅属多为体态秀美的小型乔木和高大灌木，通常在寒冷的季节开花。秋季时，其叶片呈现出深浅各异的黄色、橙色和洋红。金缕梅属植物的花朵外形奇特，四片花瓣如同四缕扭缠的丝带挂于空枝。温度骤降时，花瓣会蜷曲起来以抵抗严寒。由于金缕梅属的叶片与榛属类似，只是较缺少光泽，因此英文中又将其称为"Witch Hazel"（直译"女巫榛树"）。金缕梅属植物在美国中西部和东部的落叶森林中轻微荫蔽环境下可以健康生长。该属植物很适用于打造自然野态的园林景观，或者种在小花园中作为孤植树，也可以当作屏障植物、树篱或盆栽植物。

在所有深秋开花的金缕梅属植物中，高约4.5m、北美原生的弗吉尼亚金缕梅最适合种植在寒冷地区。该灌木花期为十一月或十二月，黄色的花朵带有芳香。原产于中国、体型稍高的金缕梅是金缕梅属中最为馥郁芬芳的一种。在二月或三月份，该树会开出硕大花朵，花整体为黄色，只有基部为红色。这种金缕梅的秋叶呈耀眼的金黄或黄色。

间型金缕梅的各个栽培种是园林景观中最常用到的金缕梅品种。这些栽培种通常为一月到三月开花。不同栽培种的花朵颜色也大不相同：有的开淡黄柔雅的花，有的则开红铜色花且带有清香。栽培种的秋叶鲜黄，但又有一层淡淡的红色。每个栽培种都有自己独特的

金缕梅

吸引力："阿诺德的承诺"开纯洁清丽的黄花；"伊莲娜"的花朵则为古典雅致的紫铜色；而开红花的"戴安"又同时拥有热情如火的橙红色秋叶。这些栽培种高度3～6m不等。

栽培：将容器苗或土球苗于早春移栽至排水力良好、湿润的微酸性壤质土中。若在其耐寒范围最北端地区种植金缕梅，则需要为其提供全日照环境；若在更南地区种植，则需要在正午时提供遮阴。

植物档案
间型金缕梅

学名：Hamamelis x intermedia "Jelena"。**科**：金缕梅科。**植株类型**：高大落叶观花灌木或小型乔木，秋叶多彩。**用途**：花香、草坪孤植树、打造野态景观、屏障、树篱。**高度**：高至4.5m。**生长速度**：中速到慢速。**生长习性及形态**：高大、枝展宽且为开心形。**花期**：一月份到三月中。**花朵**：亮黄色、带波浪的条状花瓣，尖端为红色。**果实**：小型蒴果。**叶**：夏季时为绿色，秋季变成浓重的橙红色。**土壤及酸碱度**：排水力良好；pH5.5～6.5。**光照及水分**：全日照或浅阴；最喜湿润土壤。

"伊莲娜"间型金缕梅

木槿
别称"沙仑的玫瑰"及"灌木蜀葵"

"戴安娜"木槿　　　　　　"阿芙罗狄蒂"木槿

复古传统的木槿花在英文中叫作"rose of Sharon"（沙仑的玫瑰），亦称为"shrub althea"（灌木蜀葵）。木槿为高大灌木或小型乔木，高 2.4～3.6m 不等，枝展可达与高同宽。该树从七月持续到九月末都会不断开花。木槿开花繁盛，但绽放没多久便会凋谢。木槿花形似小号，直径约 10～12.5cm，花瓣边缘有皱褶；其花色通常为白色、粉色、洋红色和紫色。木槿适合种植在花园有遮蔽的角落中。

原生于中国炎热地区的朱槿在更冷地区可以将

其当作一年生植物或室内盆栽种植。该常绿灌木能迅速生长至 1.8～2.4m 高，外形俊美，开单瓣或重瓣小号形花。其花约 15cm 宽，颜色有红、粉、黄、橙、白多彩醒目，基部时有颜色对比鲜明的色点。朱槿的每朵花寿命都只有一天，但一年之中全树都常有花朵绽放。

栽培：土球包根或容器木槿幼苗宜于初春或秋季移栽至排水力良好、pH5.5～7.0 的腐殖土中。木槿在阳光充足的条件下开花最盛，但也可以耐受明亮的阴影环境。为促进开花，应于每年早春生长季开始之前有选择性地将旧枝截短到健壮的外向花芽以上。

朱槿

植物档案
木槿

学名：Hibiscus syriacus。
科：锦葵科。
植株类型：花期较晚的落叶观花灌木或小型乔木。
用途：孤植树、灌木花境、高型观花树篱。
高度：2.4～3.6m。
生长速度：中速。
生长习性及形态：直立、枝展宽。
花期：六月末或七月到霜季。
花朵：10～12.5cm 宽的小号形花朵，边缘褶皱，颜色为白色、粉色、深红色和紫色，花心颜色通常对比较为强烈。
果实：留存枝头时间久的蒴果。
叶：5～10cm 长；带齿状分裂或凹口；革质；墨绿色。
土壤及酸碱度：富含腐殖质且排水力良好；pH5.5～6.5。
光照及水分：全日照以促进开花；需水分但可以耐受一定程度的干旱。
修剪季节：早春，芽尚未长成叶之前。

木槿

绣球

大花圆锥绣球

绣球属落叶灌木生长速度很快，树枝似藤条，叶大而俊美。其聚伞花序由许多扁平小花组成。大叶绣球是最为传统的一种绣球，高度为0.9～1.8m。大叶绣球有两种花型，一种是圆圆的拖把头花型，另一种为扁平的蕾丝边花型，由可育花和不孕花组成。大叶绣球花为乳白色、玫粉色或深蓝色。

蕾丝边花型的"蓝浪"
大叶绣球

一株大叶绣球究竟是开粉花还是开蓝色花，主要取决于土壤酸度：在pH5.0～5.5的酸土中开淡蓝色花；pH6.0～6.5或稍高时开粉色花。大叶绣球还有洋红花栽培种以及微型种。另有叶缘为乳白色的花叶栽培种。大花树状绣球娇小的白色花朵聚合在一起形成一个个硕大的花簇。"安娜贝尔"的花球直径可达30cm。

外形高大壮丽的栎叶绣球为北美原生树种，因其美丽的树叶和花朵而为人钟爱。其白色圆锥形花朵于初夏盛放；硕大俊秀的树叶似栎叶，在秋季变为紫红色。"雪花"和"冰雪皇后"为栎叶绣球的改良型变种。

大花圆锥绣球树形似乔木，可长至6m高。该树于夏末开花，圆锥形花序硕大亮眼。其花初开为白色，成熟后变玫粉色，进而变成青铜色。大花圆锥绣球可以作为干花搭配在花艺设计中。

"夏日丽人"大叶绣球

栽培：绣球花宜于早春移栽至排水力良好的腐殖土中。大叶绣球需要在酸性土壤中生长。其花色取决于土壤酸度。栎叶绣球和树状绣球可以耐受不同程度的土壤酸碱度。绣球花在全日照、明亮的阴影下或斑驳日光下开花最盛；若生长在炎热地带，需要在正午时提供遮阳保护。大叶绣球和栎叶绣球需要在春季生长季之前进行修剪，主要剪除老弱枝。大花树状绣球在新枝上开花，因此为了使其开花繁盛，需要在初春或深秋时期将衰老的藤枝剪除。

"冰雪女王"栎叶绣球

植物档案
栎叶绣球

学名：Hydrangea quercifolia "Snow Queen"。**科**：绣球科。**植株类型**：大型观花灌木。**用途**：花卉花境的背景；群植、特色孤植树、观花树篱。**高度**：1.8～2.4m。**生长速度**：中速。**生长习性及形态**：高大、枝展宽，直立且枝条茂密。**花期**：五月到七月。**花朵**：白色复瓣花，宽为2.5cm，形成圆锥形状的花簇，最长可达33cm；随时间增长而变为暗玫粉色。**叶**：形似栎叶，最长23cm，叶缘带有细小锯齿；秋季变为玫粉色、酒红色和紫色。**土壤及酸碱度**：排水力良好；耐黏土但不耐盐雾；pH4～7。**光照及水分**：全日照下色彩最美，但也耐浅阴；耐一定程度的干旱，但是最喜持续湿润的土壤。**修剪季节**：休眠期。

金丝桃

金丝桃属植物为矮小或生长速度缓慢的灌木和地被植物。其花色明黄，形似一朵朵娇小的蔷薇，花蕊为醒目的金色或红色。金丝桃属植物的花期长达两个月。将其覆盖在地面或种于灌木花境之前都能起到非常好的装饰观赏作用。金丝桃属植物在南方地区常绿，而在更凉爽的地区则为半常绿。

金丝桃属中种植最为广泛的树种为丰果金丝桃。该灌木树形娇小，高约 0.9～1.5m，在温带地区可

丰果金丝桃

以花开全夏。有专家认为杂交种"西德克特"是以丰果金丝桃为原种培育而获得的，但也有人认为其原种应为金丝梅。"西德克特"可谓是金丝桃属灌木中最美丽动人的品种。其树枝垂拱成圆丘树形，叶片呈蓝绿色，所开花朵在金丝桃属中最为硕大。其花期从六月开始，一直持续到当季生长季结束。美洲金丝桃体型更为矮小，耐寒性也更强。也正是这一特点让它成了北方地区花园中的钟爱之选。

斑叶栽培种"三色"莫斯金丝桃整体身型要更为娇小，其高约 0.6m，红枝拱垂成圆球树形。"三色"的灰绿色树叶上有略带粉色的乳白边缘，能够长久生于枝头而不掉落。其花为暗金色，花心点缀着亮橙色的雄蕊。"三色"莫斯金丝桃花期持续整个夏天，群植最能展现其美感。

栽培：金丝桃易移栽。应在早春将其移栽到干燥、pH6.5～7.0 的石质土中。该属灌木在全日照下开花最盛，但也能耐受轻微阴影环境。耐寒性较差的树种有时在其生长范围的最北部地区会受冻枯折至近地高度，但通常会重新生长恢复并且同年开花。金丝桃在新枝上开花，因此最好选在早春进行修剪。主要剪除所有枯死枝、细弱新生枝、结种花序和损伤枝尖。

浆果金丝桃　　　　"三色"莫斯金丝桃

植物档案
丰果金丝桃

学名：Hypericum prolificum。**科：**金丝桃科。**植株类型：**低枝观花灌木。**用途：**灌木花境、地被植物。**高度：**0.9～1.5m。**生长速度：**慢速。**生长习性及形态：**尺寸较小、圆球形、直立茎干。**花期：**六月末到七月以及八月。**花朵：**1.9～2.5cm宽的亮黄色花朵形成尾端聚伞花序。**果实：**不显眼的干质三瓣蒴果。**叶：**纤窄的椭圆叶，长约2.5～7.5cm，墨绿色。**土壤及酸碱度：**干燥石质土；pH6.5～7.0。**光照及水分：**全日照或半阴；在干燥环境下长势最好。**修剪季节：**早春。

丰果金丝桃

山月桂

"小精灵"山月桂

"旋木"山月桂

"奥斯红"山月桂

山月桂为阔叶常绿观花灌木，外形十分出众。其原产地为北美温带地区。山月桂的叶片大而俊秀，花于春季中期盛开；届时一朵朵粉色杯形的小花簇成一团，形成一个硕大的圆球形伞房花序。山月桂高约 2.1～2.4m。原种山月桂的淡粉色花固然十分可人，但是栽培种的白花、粉花或混色花朵却要美艳百倍。栽培种中最优秀的一种为"奥斯红"，其亮红色的花苞绽放后为柔和的深粉色花朵。"小精灵"山月桂为生长速度缓慢的微型栽培种，成树可长至 1.2～1.8m 高。其花苞为淡粉色，绽放后为白色花朵。"靶心"和紫花山月桂的花心为白色，花瓣边缘有红色条带。山月桂与杜鹃花一样，在夏季凉爽地带的阴凉处或阳光斑驳处长势最好。山月桂全树各部位都有毒素，会危害人类及牲畜，但对野生动物没有影响。

狭叶山月桂为高 0.6～0.9m 的灌木形地被植物。它是美国作家亨利·大卫·梭罗的最爱。狭叶山月桂花比山月桂稍小，花色介于薰衣草紫和玫粉之间。该树种很适合打造野态景观，因为在野生环境中其多生长在石块崎岖的荒地中或废弃老旧的牧场里。狭叶山月桂还有白花栽培种。

栽培：山月桂在早春或秋季较易移栽。栽种土壤环境应以排水力良好、含腐殖质、肥力优厚、pH4.5～6.5 的酸性土壤为宜。为使开花繁盛，应将植株置于半日照或全天置于明亮的阴影带中。应在花朵开始凋谢时将花球掐掉。山月桂修剪后不易复原，因此只要植株健康，则不需要进行修剪。若想通过修剪使衰老植株重焕活力，可以在花期过后剪除 1～2 根长势不理想的枝条。修剪频率为每 3～5 年一次。

植物档案
山月桂

学名：Kalmia latifolia。**科**：杜鹃花科。**植株类型**：阔叶常绿观花灌木。**用途**：孤植树或灌木花境；庭荫树。**高度**：2.1～2.4m。**生长速度**：慢速。**生长习性及形态**：幼树椭圆，长大后为开心形枝型。**花期**：五月到六月。**花朵**：1.9～2.5cm宽；花芽为粉色，开花后为白色。**果实**：成簇蒴果。**叶**：富有光泽的绿色；革质、椭圆形、5～12.5cm长、5cm宽。**土壤及酸碱度**：排水力良好、富含腐殖质且肥力足；pH4.5～6.5。**光照及水分**：斑驳日照或多阴；保持土壤水分充足。**修剪季节**：花开过后。

山月桂

棣棠花

棣棠属落叶灌木，在四月或五月有两周花期，其间全树开满类似连翘的黄色小花，如同日光一样灿烂。目前唯一有人工栽培的树种为棣棠花。虽然英文称其为"Japanese kerria"（日本棣棠），但其实该树种原产于中国。棣棠花株高 0.9～1.8m，在美国东北部地区很受欢迎。棣棠花开花量大，花朵小而平，五瓣，经常在夏季再度开花。栽培种重瓣棣棠花身形比原种稍大，花朵也更为醒目。重瓣棣棠花树形直立，枝叶茂密，活力十足。其高度约为 1.8～2.4m 或更高，花时开大量金黄色的重瓣花。重瓣棣棠花的鲜切花能够长时间保鲜。银边棣棠花为体型较小的栽培种，其灰绿色的叶片上有一圈细细的银边，即使远观之下也十分柔美亮丽。日本早在 18 世纪时就已经开始培育银边棣棠花，现今在北美洲的一些栽培者手中也能找到这种棣棠花。

重瓣棣棠花

虽然棣棠花遇冷会落叶，但其茎干却依旧保留着盎然绿意，可以为花园带来一整个冬天的亮眼色

棣棠花

彩。棣棠花原种和栽培种都可以在半阴环境下顺利开花，即使干燥的城市花园也不会对其造成影响。棣棠是乡村风花园中传统的饰墙植物；也可将其群植并任由其自然生长以打造野态景观；或将其种在山坡上。

栽培：土球苗或容器棣棠苗木易移栽。早春时，将其移栽至任何排水力良好、湿度适中的肥沃土壤中即可。棣棠花对于土壤酸碱度没有特殊要求，并且可耐夏季高温和干旱。棣棠花喜轻阴，且在高温地区尤为如此。为了让重瓣棣棠花维持美观外形，应将开花的老枝短截至新芽上方；或在花期后将植株截短至贴地高度。修剪银边棣棠时，将其周围窜长的吸根剪掉，该栽培种的树叶易从银边绿叶变回普通的绿叶。

植物档案
重瓣棣棠花

学名：Kerria japonica "Pleniflora"。**科**：蔷薇科。**植株类型**：枝展宽落叶观花灌木。**用途**：打造野态景观、坡地植物、花境之前。**高度**：1.8～2.4m。**生长速度**：中速。**生长习性及形态**：直立且枝形垂拱。**花期**：四月到五月。**花朵**：2.5～5cm宽的金黄色重瓣花。**叶**：3.8～10cm长，形似柳叶。**土壤及酸碱度**：排水力良好且中度肥沃的壤质土；酸碱度耐受范围广。**光照及水分**：亮阴，但也耐全日照；保持土壤水分充足，但是也可以耐受夏日高温和干旱。**修剪季节**：花开过后。

重瓣棣棠花

蝟实

蝟实为长有细长枝条的花瓶形落叶灌木，花时仿佛一束新娘手捧花。五月和六月初，蝟实全树开满花瓣淡粉、花冠管为黄色的钟形花朵，聚在一起形成形状各异的花簇挂满枝头；其花虽小，但十分清丽抢眼。蝟实能够长至 3m 高。蝟实会结棕色多绒毛核果，外表奇趣，一直到入冬都会留在树上。早在 20 世纪初期，蝟实从中国被引进北美。但近年来各种花色更美的栽培种的受欢迎程度正逐渐赶超原种，"粉云"就是其中典型。"粉云"开出的花朵要比原种蝟实更粉嫩、更清透。

盛花期的蝟实全树披满娇艳欲滴的花朵，是非常俊秀的孤植树。但花期以外其观赏价值就大打折扣了。因此，要将蝟实栽种在不需要独挑大梁的花园地点。将一长排蝟实并肩排开而种可以作为非常美观的高型自然风树篱或大型园景中的防风树墙。

蝟实

蝟实

栽培：蝟实宜于早春或秋季移栽至排水力好的土壤中。蝟实在 pH5.0 ～ 7.0 的土壤中长势最好。若想保证花开最盛并长成最迷人的外观，应将其置于全日照环境中并任其垂拱的枝条自由生长。在花谢之后立即剪除衰老枝条。

植物档案
蝟实

学名：Kolkwitzia amabilis。**科**：忍冬科。**植株类型**：落叶观花灌木。**用途**：高屏障、高树篱、防风树。**高度**：3m。**生长速度**：快速。**生长习性及形态**：花瓶形，枝条垂拱。**花期**：五月到六月初。**花朵**：钟形小花组成不规则的花簇；花芽为嫩粉色，花开后为淡粉色，花药为黄色。**果实**：浅棕色或粉色的带绒毛种子。**叶**：长宽均为 2.5～7.5cm、叶尖，色为哑光绿。**土壤及酸碱度**：排水力良好；最佳酸碱度为 pH5.0～7.0，但也可适应其他酸碱度范围。**光照及水分**：全日照；耐旱。**修剪季节**：花开过后。

"粉云"蝟实

十大功劳

十大功劳属是小檗科下的一属，该属为喜阴常绿灌木，外形俊美，能够为花园增添纹理层次及迷人秋色。其叶似冬青，带刺；小小的花朵金黄可人且带有清甜四溢的香气。十大功劳属下最受人欢迎的两个树种通常与冬青树搭配种植，是非常理想的屏障植物，还很适合种在灌木边界之中。阔叶十

细叶十大功劳

北美十大功劳

北美十大功劳

大功劳高约 1.8 ～ 2.4m，蓝绿相间的叶片大而俊美。其叶柄可长达 5.4cm，上长有若干 10cm 的带齿小叶。阔叶十大功劳的叶片几近水平生长，即使冬季也依然保有明丽的色彩。二月末到三月初，阔叶十大功劳黄色的花簇垂坠枝头，幽香四溢；开花后结形似葡萄的蓝黑色果实，深受鸟儿喜爱。该树长有很多细长小枝，但可在树底种植一些铁筷子属植物或者野扇花来轻松遮挡。原产自中国的细叶十大功劳形似阔叶十大功劳，但叶片更柔软，耐寒性也稍差。

北美十大功劳高约 0.9 ～ 1.8m，叶形优雅，富有光泽，冬季变为古铜与梅红相间色。北美十大功劳比阔叶十大功劳更耐寒。晚冬早春时节，一簇簇黄色的芬芳小花争相开放，开花后结蓝黑色果实。栽培种"阿波罗"花开橙黄，外形出众。而密枝十大功劳则为矮型栽培种，高仅 0.6 ～ 0.9m。

栽培：十大功劳属灌木的容器苗或土球幼苗易移栽。应在早春时将其移栽至排水力良好、富含腐殖质、pH6.0 ～ 7.0 的酸性土壤中。十大功劳属灌木喜轻微荫蔽，但是北美十大功劳可以耐受一定程度的日光直晒。若植株徒长枝过多显得外形杂乱，则可在花期过后将细长不美观的老旧藤枝截至贴地高度。剪除吸根以防止其阻碍北美十大功劳开枝散叶。

植物档案
阔叶十大功劳

学名：*Mahonia bealei*。**科**：小檗科。**植株类型**：常绿观花灌木。**用途**：基础植物、灌木花境、屏障。**高度**：1.8～2.4m。**生长速度**：慢速。**生长习性及形态**：直立。**花期**：早春。**花朵**：带有芳香的黄色花朵形成长约10～20cm的直立的穗状花序。**果实**：形似葡萄的蓝黑色椭圆形浆果成簇生长。**叶**：复叶，叶柄长9～15片带刺小叶。**土壤及酸碱度**：排水力良好且富含腐殖质；pH6.0～7.0。**光照及水分**：半阴；湿度均衡。**修剪季节**：花开过后。

阔叶十大功劳

南天竹

南天竹　　　　　　　　　　南天竹的花朵

外表娇嫩的南天竹实际上非常坚韧。该灌木树叶茂密，茎干丛生无分枝，高约 1.5～2.1m，在其耐寒范围的温暖地带为常绿状态。南天竹娇嫩的绿叶在冬季时叶尖会染上一抹亮红。春季和初夏，南天竹开白色小花，形成稀疏的花簇直立于茎干之上。秋季时，南天竹会结出一串串亮红色浆果，外形优美，挂在枝头摇摇欲坠。这些浆果直到来年春花绽放之前都会一直留在树上。

南天竹原产于中国和日本，生长在南方地区的南天竹浆果颜色更鲜亮，留在树上的时间也更久，因此很受欢迎。然而，树形更紧凑、抗病性更强、冬日色彩更加纷呈的栽培种已经逐渐抢走了原种南天竹的风头。高约 0.6m 的"海湾矮型"南天竹外形优雅，春季叶片带有些许粉色或古铜色，秋季变为橙黄和古铜之间。"紫红矮小"南天竹的外形与"海湾矮型"相似，但冬季叶片呈紫红色。玉果南天竹果实为白色，可以与结红果的南天竹一起种植，互为映衬。

南天竹很适合用于灌木花境、树篱或者当作盆栽。该树种喜明亮的荫蔽处，并且能够与乔木根系竞争养分。南天竹的茎干剪下后可以搭配在花束中，为其增添一抹迷人持久的绿意。

栽培：南天竹的容器幼苗在早春或秋季很好移栽。该树在排水力良好、湿润、肥沃土壤中生长最好，但也可以耐受其他土壤环境。南天竹在全日照下结果状态最好，但是每天 4～6 小时日光或全天斑驳光照下也可以结果。为保持树形紧密，在早春时将拥挤或过长藤枝短截到贴地高度。

秋季的南天竹

南天竹

植物档案
南天竹

学名：Nandina domestica。**科**：小檗科。**植株类型**：结红色浆果且枝叶繁茂的半常绿灌木；在温暖地区为常绿。**用途**：灌木花境、树篱、孤植树。**高度**：1.5～2.1m。**生长速度**：中速到快速。**生长习性及形态**：直立，平顶。**花期**：五月到六月。**花朵**：星形白花，宽为 0.6～1.3cm，形成密实的尾端圆锥花序。**果实**：亮红色圆形浆果成簇生长。**叶**：娇小、尖形的复叶，叶柄生有5片长3.8～10cm的小叶。**土壤及酸碱度**：排水力良好且肥力足；酸碱度耐受范围广。**光照及水分**：全日照下结果最多；保持土壤水分充足。**修剪季节**：早春新一轮生长季开始之前。

山梅花

山梅花属植物为古典传统的大型落叶灌木，其花洁白，花香清甜，酷似橙花，因此英文中又称其为"mock orange"（直译为"拟橙"）。目前北美已引进了几十个原种以及几百个栽培种山梅花。大多数山梅花都有旺盛的生长力，无须费心养护即可迅速长至 3 ～ 3.6m，枝展宽更是能达到高度的两倍。春季时，山梅花呈现大片暗墨绿，而到了五月及六月初时，洁白的 2.5 ～ 5cm 小花成簇绽放，并露出金黄色的花药，十分绚丽夺目；整座花园也随之沉浸在沁人心脾的芳香之中。

现代栽培种中与传统的山梅花最相似的当数"大花"雪白山梅花。该栽培种能够长至 2.4 ～ 3.6m。"大花"雪白山梅花需要种植在大型花园中才能最好地展示其美貌。雪白山梅花的栽培种花朵均为复瓣或重瓣，会重复开花，花量中等。其他杂交种也芳香十足，但体型较小。栽培种"花叶"叶片有乳白色叶缘；"明尼苏达雪花"高约 1.8m，枝条垂拱，重瓣花十分精美。在所有栽培种中，当数不足 2.4m 高的"纯真"香雪山梅花和 1.2m 高的"雪瀑"花香最为馥郁。

香雪山梅花

山梅花

栽培：为确保购买的山梅花香气浓郁，应选购盛花期的容器苗。山梅花对土壤要求不高，但最好为湿润、排水力良好、pH6.0 ～ 7.0 的土壤。山梅花在全日照环境下开花最盛。山梅花可以耐受一定程度的干旱。该属灌木在旧枝上开花，可以在每年花期过后立即对老旧枝进行轻修剪，以维持山梅花外观整洁并促进生长。应选早春或冬季将生长超过五年的老旧枝条剪除。

植物档案
"大花"雪白山梅花

学名：Philadelphus x virginalis "Natchez"。**科**：虎耳草科。**植株类型**：高大落叶观花灌木。**用途**：孤植树、灌木花境；屏障。**高度**：2.4～3m。**生长速度**：快速。**生长习性及形态**：直立、圆球形树形，枝条呈喷泉状散开。**花期**：五月到六月初。**花朵**：大量醒目的白花；带香气。**果实**：四瓣蒴果。**叶**：叶浓密，颜色为鲜绿色。**土壤及酸碱度**：排水力良好；pH6.0～7.0。**光照及水分**：全日照；最喜持续湿润的土壤，但也可以耐受一定程度的干旱。**修剪季节**：花开过后将旧枝剪除。

"大花"雪白山梅花

马醉木

马醉木属植物均为外形优美的阔叶常绿灌木。晚冬时节，蜡质的白色花苞成簇占满全树，随后绽放成一朵朵娇小的坛形花朵。马醉木的树叶全年常绿，新生嫩叶呈玫瑰古铜色。马醉木属灌木广泛应用于规则式园景设计之中。马醉木与映山红和杜鹃花类似，喜半阴环境及酸性土壤。

原产自日本的马醉木树高可达 1.8～2.4m。马醉木的枝条如瀑布般垂泻而下，轻拂地面，枝头则满载象牙白色小花，连成 0.9～1.8m 的花串，时有幽香飘来。这些美丽的花朵于三月或四月盛开，花期持续两到三周。其新叶介于古铜色和酒红色之间。

"森林之火"马醉木

日本马醉木　　　　　　　　"多萝西威科夫"日本马醉木

某些栽培种的新叶颜色尤为绚丽夺目，如"山火"马醉木。某些栽培种可以开出色彩斑斓的花朵，如开粉花的"山谷玫瑰"马醉木和栗红花的"山谷情人"。多花马醉木的其中一个栽培种 P.florbunda Mill-stream 在寒冷地带比日本的马醉木生长得更好。该灌木生命力旺盛，高约 0.6～1.8m，树形为圆丘形，体型比日本马醉木小，花也不似其醒目，但对碱性土地的耐受力更强。该栽培种开白色或粉色花，有香味，其叶为墨绿色。若想选择一种马醉木来装饰小型花园，迷人雅致的矮型"序曲"则是不错的选择。该栽培种高仅 0.75m，花期较晚，开纯白色花朵。

栽培：马醉木容器苗或幼苗宜于早春移栽至湿润、排水力良好、pH4.0～5.0 的酸性腐殖土中。马醉木每日平均日照时间以 2～6 小时为宜，需要防风保护。多花马醉木自然生长状态下形态最为优美，只需在春季进入新一生长季时将损坏枝条剪除即可。

"山谷情人"日本马醉木

植物档案
日本马醉木

学名：Pieris japonica。**科**：杜鹃花科。**植株类型**：树形规则的观花阔叶常绿植物。**用途**：规则式园林造景、基础植物。**高度**：1.8～2.4m。**生长速度**：慢速。**生长习性及形态**：直立，瀑布状下垂枝条。**花期**：三月或四月。**花朵**：白色的坛形花朵，长约0.6cm，带有清香；花朵组成7.6～15cm长的圆锥花序。**果实**：蒴果。**叶**：常绿，柳叶形，3.2～8.9cm长；夏季为鲜绿色，新生叶为古铜色与酒红色之间。**土壤及酸碱度**：排水力良好且富含腐殖质；pH4.0～5.0。**光照及水分**：半阴；保持土壤湿润。**修剪季节**：花开过后。

委陵菜

委陵菜属植物与蔷薇属有亲缘关系，但外表更为粗放不羁。该属为低矮落叶灌木和多年生草本花卉，从六月一直到霜冻期持续开放色彩纷呈的五瓣花朵，十分具有观赏价值。其花形似绽放的野蔷薇；花通常为黄色，但也能见到白花和红花的栽培种。

委陵菜属植物宜与常绿植物搭配种植，一起打造优美迷人的矮型自然风花篱或灌木花境。将其与多年生花卉搭配种植或混入基础植物中也是不错的选择。此外，也可将其当作地被植物种植。委陵菜属植物一旦成功扎根便不再需要费心养护或浇灌。

委陵菜属树种繁多，其中数金露梅及其栽培种最受花园欢迎。金露梅通常低于 0.6～0.9m。其开明黄色、橙红色或洁白色花，并可抵抗城市环境压力。虽然原种金露梅的外形谈不上抢眼，但其栽培种却个个吸人眼球。例如，"金手指"金露梅拥有墨绿色叶片和明黄色的花朵；"戴克斯"金露梅开黄花且枝条垂拱；"凯旋"和"纳帕希尔"开金黄色花，能够在中西部茁壮生长。

"红色王牌"金露梅

"金星"金露梅

栽培：委陵菜容器苗在早春或秋季易移栽。最适合苗木生长的土壤应为排水力良好且肥沃的腐殖土，但其在黏土、瘠薄土、夯实土或干燥土壤中也都可以存活，且对土壤酸碱度无特殊要求。委陵菜在全日照环境下花开最盛，但是在半阴环境中也可开花。为维持植株长势旺盛，每隔两年在春天将枝条衰老部分剪掉，只保留强壮部分，或直接剪至贴地高度；同时将新枝剪短 1/3～2/3。从切口处生出的侧枝之后会开花更盛。

植物档案
金缕梅

学名：*Potentilla fruticosa*。**科**：蔷薇科。**植株类型**：落叶观花灌木。**用途**：自然随性的观花树篱、灌木花境、与多年生花卉搭配种植、基础植物、观花地被植物。**高度**：0.6～0.9m。**生长速度**：慢速。**生长习性及形态**：低枝、直立、枝型开阔，整体为圆球形。**花期**：六月到霜季。**花朵**：3.2cm大的五瓣花，形较扁平。**果实**：小型干瘪的单种子果实，留存枝头时间久。**叶**：复叶，由 3～7 片2.5cm长的小叶组成；灰色到墨绿色。**土壤及酸碱度**：排水力良好、肥力足且富含腐殖质；酸碱度耐受范围广。**光照及水分**：全日照下色彩最美；半阴环境中也可成活；喜湿，但也可以耐受一定程度的干旱。**修剪季节**：晚冬。

金露梅

小叶杜鹃

久留米杜鹃

金盏杜鹃

小叶杜鹃

小叶杜鹃为常绿或落叶观花灌木。其春花美艳绝伦，堪称花中之王。小叶杜鹃为杜鹃花属中的一种，与我们平时说的"杜鹃花"有一些不同的特征。例如，小叶杜鹃叶片带有绒毛，大叶杜鹃花叶背则呈鳞片状。小叶杜鹃的花朵为漏斗形，而大叶杜鹃花的花型则通常为钟形。小叶杜鹃通常早于杜鹃开花，但也有些映山红可以等到晚春才开花；有些品种甚至会在秋季二次开花，如火把杜鹃的栽培种"阿姆斯特朗之秋"以及"印第安盛夏"。小叶杜鹃的花为单瓣、半重瓣或重瓣，颜色从亮白色、黄色、粉色、橙色到紫色和红色各异；有些植株开双色花，有些植株的花朵带有迷人的芬芳。小叶杜鹃（尤其是常绿种）的叶片精致整齐，有些会在秋冬变为耀眼的金黄或是迷人的栗红。白花小叶杜鹃通常都有鲜黄的秋叶，而开紫色、粉色或红色花的小叶杜鹃的秋叶则呈红色或古铜色。

栽培：土球苗或容器杜鹃苗宜于早春或秋季移栽于排水力好、pH4.5～6.0的腐殖土中。夏季早期需浇灌。小花杜鹃在明朗的斑驳日光下长势最好，但在土壤湿润的情况下也可耐受全日照。在夏季炎热的地区，应给植株摊铺护根覆盖物。在花谢之后，将要开花的芽尖掐除，以促进下一季开花。

植物档案
"斯嘉丽"埃克斯伯里杜鹃

学名：Rhododendron "Scarlett O' Hara"。**科**：杜鹃花科。**植株类型**：落叶观花灌木。**用途**：孤植树、基础植物、花卉花境的背景植株。**高度**：1.2～1.8m。**生长速度**：中速。**生长习性及形态**：圆球形，枝条层叠。**花期**：春季中期。**花朵**：猩红色。**叶**：椭圆形绿叶。**土壤及酸碱度**：排水力良好且富含腐殖质；pH4.5～6.0。**光照及水分**：半阴；保持土壤水分充足。**修剪季节**：花开过后为枝条掐尖。

"斯嘉丽"埃克斯伯里杜鹃

大叶杜鹃

"辛西娅"杜鹃

"格蕾丝"杜鹃

"冠羽"杜鹃

在北美大部分地区，生长季早期开花的植物中，当数大叶杜鹃的外观最为绮丽出众。大叶杜鹃为阔叶灌木，或常绿，或落叶。其花为钟形，聚合在一起形成硕大花簇，色彩鲜艳，有粉色、玫粉色、紫色、薰衣草紫色，白色和黄色等。大叶杜鹃的花可能为纯色、渐变色、斑驳多色或带有对比强烈的其他色彩斑。

大叶杜鹃在半阴环境下长势最好。来自中国、日本和美国的大叶杜鹃最为耐寒。有些大叶杜鹃在野生环境下可以超过6m高，但大多数都只能在人工栽培的环境下长到1.8～2.4m。大叶杜鹃的原种、变种及杂交种成千上万。

大叶杜鹃的许多栽培种都可以在太平洋西北地区茁壮生长，其中包括屋久岛杜鹃和花开幽蓝或介于薰衣草紫和玫粉之间的毛肋杜鹃。

栽培：只挑选能耐受当地寒冬天气的杜鹃苗木进行种植。若将杜鹃花种在其耐寒范围的最北端，那么植株虽然可能会存活下来，但却无法开花。杜鹃幼苗宜于早春或中秋移栽至排水力好、pH4.5～6.0的酸性腐殖土中。种植地点应满足晨间全日照、午后荫蔽的条件，并要在种植地安放防北风保护措施。将植株枯萎花朵掐去以促进新生，但注意不要损伤花朵后面娇嫩的小芽。花落之后进行修剪。若想焕活改造衰老杜鹃，应连续两到三年进行重修剪。

植物档案
屋久岛杜鹃

学名：Rhododendron yakushimanum。
科：杜鹃花科。
植株类型：常绿观花灌木。
用途：孤植树、基础植物、花卉花境的背景植物。
高度：0.9m。
生长速度：慢速。
生长习性及形态：圆球形，枝展与树高相同。
花期：春季。
花朵：花芽为亮玫粉色到红色，花开后为白色。
叶：墨绿叶片，叶底具短绒毛。
土壤及酸碱度：排水力良好且富含腐殖质；pH4.5～6.0。
光照及水分：半阴；保持土壤水分充足。
修剪季节：花开过后。

屋久岛杜鹃

蔷薇

"小仙女"多花蔷薇

蔷薇在美国深受人们喜爱，被誉为国花。蔷薇属种类繁多，根据其形态与培育方式划分为不同种类。这些种类兼顾了新旧蔷薇分类方式。

藤本月季 花茎长而柔软，花簇生；亦有花茎硬实挺立，花簇生或只生单朵大花。猩红色"烈焰"，珊瑚粉"美国月季"和明黄色"黄金雨"均为此中佳品。藤本月季必须用附着绳或棚架固定，以援引其生长。在种植的最初两年，需于秋季修枝，剪去无用藤条，并于次年春季再次修剪，去除病枯枝。种植第三年，需在开花后修剪枝条，将旁枝剪去约三分之二长度，只留五至六根健康花茎。当花茎经过附着固定呈水平走向后，藤本月季可开放得更加茂盛。藤本月季（以及丰花月季）可用于培育乔木型（标准型）蔷薇植株。

杂交茶香月季和大花灌木玫瑰 茶香配种玫瑰为高中心重瓣或半重瓣花，枝梗长，花茎坚硬，花型典雅优美，易于插枝。经典的"芝加哥和平"为其中的典型花型。现代茶香配种灌木玫瑰可直立生长，通常可达 0.9～1.8m 高。多季重复开花，花期通常为仲春，夏季零星开花，随后九月再次盛放，直至寒冬。该类蔷薇适宜群植在花坛中打造规则式园景。即使杂交茶香月季和大花灌木玫瑰均

园艺卧地玫瑰

园艺卧地玫瑰

"和平"杂交茶香月季

有较强的抗病性，在夏季也依然有落叶或长黑斑的风险，因此可以在其周围搭配种植薰衣草或蓝色鼠尾草，来遮掩植株的蔓生徒长枝以及落叶或黑斑。为促进植株开花，可将残花摘除，只保留第一枝五叶茎。及至深秋，可将四至五根坚硬花茎修剪至 76cm 左右。

微型月季 微型月季的花蕾与花朵状似杂交茶香月季或重瓣百叶蔷薇。直立微型蔷薇主要作为玫瑰园的饰缘植物或前景植物。蔓生微型月季可作为悬篮植物和盆栽。微型月季易于种植，花期从六月直至霜降，在冬季给予一定保护则能抵抗严寒。典型的微型月季高 30cm，宽 15～46cm。大型微型月季可达 0.6m 高。一些迷你微型月季，例如"精灵金"和"小火焰"，只有 15cm 高，花朵也不大。橙色"史塔瑞娜"是最受欢迎的一种微型玫瑰。"活力朝阳"则拥有浓郁的芬芳。

地被月季和园艺卧地玫瑰 灌木类，长势强壮，花型迷人，主要分为两类：美迪兰和地毯玫瑰。地被月季可种植于斜坡或墙壁上，而树篱蔷薇则可为混合花坛或观赏类植物增色。地被月季植株 0.6～0.9m 高，蔓延 1.5～1.8m。树篱玫瑰植株 0.9～1.2m 高，蔓延 0.6～0.9m。美迪兰类玫瑰，例如"伯尼卡"，花期为早春至秋季。花色有白色、樱花粉、猩红色和贝壳粉。

地毯玫瑰植株 0.75m 高，枝展 1.5m。"地毯玫瑰"花朵呈淡紫色，略带花香。"苹果花地毯玫瑰"中心为粉色，边缘呈白色。若在早春与盛夏对地毯玫瑰予以施肥，则可全季开花。修剪残花，可促使玫瑰再次盛放，必要时可剪除枯枝。在玫瑰生长数年后，可于春季再次修枝。

花园玫瑰，又称英国玫瑰、丰花月季或多花蔷薇，属灌木类，花簇生，全季开花。花朵多带芬芳，抗病力强。例如，重瓣花大卫·奥斯汀玫瑰无论在花型还是香味上均与传统英伦玫瑰一致。杂交玫瑰花，诸如花朵呈浓郁粉色的"农舍玫瑰"和纯白色"白菲儿"均属于紧凑型灌木玫瑰，易于打理。

多花蔷薇植株 0.6～0.9m，花簇生，花茎为 5cm，花朵艳丽动人。"小仙女"为此类蔷薇中最负盛名的栽培种，其花朵呈迷人的贝壳粉，略带花香。

丰花月季植株 0.6～0.9m，花簇生，花径 5～7.6cm，部分花朵形状如杂交茶香月季。其中"杏花村"粉红色花朵配以翠绿色枝叶，是广受喜爱的树篱蔷薇首选。

此类玫瑰需在秋季或初春时修枝，剪去无用的藤条；将旁枝剪去约五分之三长，将主茎剪去约三分之一长。

栽培：蔷薇苗木最佳的种植时间是春季中期。蔷薇类植株需要种植在排水力良好、pH6.0～7.0 的腐殖质土中。若条件允许，可在种植前几周在土壤

园艺卧地玫瑰

大卫·奥斯汀英国玫瑰

中混入鱼粉和 5-10-5 缓释肥（或 8-12-4 蔷薇专用配方肥）以改良土壤，提高肥力。为使植株开花繁盛，应确保每天至少 6 小时的阳光直射，并从早春至七月中旬期间每月施肥，同时还要在旱季适当浇灌。为促使植株在整个生长季都能开花，应将已经枯萎的花朵沿花茎剪掉，只保留向外生长的五瓣叶。

植物档案
"烈焰"藤本月季

学名：Rosa "Blaze"。**科：**蔷薇科。**植株类型：**大型开花爬藤蔷薇。**用途：**美化围栅、建筑物角落装饰、装饰花棚架及立柱。**高度：**藤长3.6～4.5m。**生长速度：**快速。**生长习性及形态：**攀缘型。**花期：**春季盛花，偶尔二度开花。**花朵：**0.6～0.9m的杯形复瓣花组成的硕大花簇，带清香，颜色为亮猩红色。**果实：**橙色蔷薇果。**叶：**墨绿色的革质叶片。**土壤及酸碱度：**肥力足、排水力良好、富含腐殖质；pH6.0～7.0。**光照及水分：**全日照；旱季维持中度湿润。**修剪季节：**将枯萎的花朵摘除。

"烈焰"藤本月季

野扇花

矮型羽脉野扇花

野扇花属植物为常绿植物，原生于亚洲。该属与黄杨属植物有亲缘关系，也都拥有长长的鲜绿色树叶。野扇花属植物花小且不显眼，但丰满的果实却颇具装饰性。该属植物是实用的地被植物和饰缘植物。野扇花属植物喜阴喜湿，宜种在十大功劳属和杜鹃花属植物附近。矮种羽脉野扇花是该属中最广为人知的栽培种。其茎干丛生，高约 1.8m，外形十分俊秀。矮小羽脉野扇花叶片茂密，枝展可达 0.6m，蔓延开来仿若给大地铺上了一层青翠发亮的毯子。三月份和四月份，象牙白色的芬芳小花竞相绽放，花落后结丰满似浆果的黑色果实。

亮丽可人的清香桂高约 1.2 ～ 1.8m，早春时节，清香桂开娇小的白色花朵，并伴有阵阵清甜的花香；开花后结红果。清香桂较难在市面寻得，但非常适合种在常绿针叶树丛下增添景致。

栽培：野扇花属植物的容器苗或土球苗宜于早

清香桂

春移栽至排水力良好、pH5.5 ～ 6.0 的壤质土中。若想为野扇花属营造最宜生长的环境，须在旱时保持土壤湿润，并将其置于荫蔽处；或每天 2 小时日光直射；也可将其全天置于斑驳光照下。野扇花属几乎无须修剪，只需在春季时将形态不美的茎干截短至贴地高度即可。

植物档案
矮型羽脉野扇花

学名：Sarcococca hookeriana variety humilis。**科**：黄杨科。**植株类型**：矮型常绿观叶植物。**用途**：种在徒长枝多的孤植树底；灌木花境。**高度**：0.6m。**生长速度**：慢速。**生长习性及形态**：茎干丛生，枝展宽。**花期**：三月到四月。**花朵**：灰白色，1.3cm 宽，掩藏于顶叶的叶腋中。**果实**：亮黑色，圆球形，0.8cm 大。**叶**：柳叶形长叶，长度约为 5～8.9cm，有光泽的墨绿色。**土壤及酸碱度**：排水力良好的壤质土；pH5.5～6.0。**光照及水分**：半阴；保持土壤水分充足。**修剪季节**：花开过后。

矮型羽脉野扇花

茵芋

喜荫蔽环境的茵芋属为阔叶常绿灌木。该属原生于亚洲，树形低矮，墨绿的叶片俊美不凡，且碾碎后散发香味。早春时节，生长在凉爽地带的茵芋属灌木会开出毛绒绒的清香小花，形成直立花序跃然枝头。在温暖地带，其花期变为秋冬，开花后会结具有观赏性的浆果状果实。通常情况下，可以在植株上同时看到花和果实。茵芋属植物对都市环境带来的生长压力耐受力强，也是非常不错的盆栽植物。同时，也可将其与杜鹃花和混合常绿植物搭配打造花境，或作为林下植物种在林地花园中，打造极为养眼的景致。美国中西部和东北部入夏旱季较久，不宜茵芋属植物生长。

茵芋属中外观最迷人的当数娇俏可人的日本茵芋。其生长速度缓慢，枝条茂密，高约 0.9 ～ 1.5m。日本茵芋的雌树开黄白色花，雄树花开得更为硕大，且带有清香。若将雌雄树相邻种植，雌树可以结果。若花园空间有限，无法同时种植雌雄树，则可考虑

日本茵芋的雌花

同属的茵芋。该树种耐寒性较弱，能够长至 0.6 ～ 0.9m。茵芋开白色两性花，单树即可结果。

栽培：茵芋容器苗易移栽，移栽时间应选在早春。届时将苗木移栽至排水力良好、砂质、湿润的酸性泥炭土中，土壤酸度应在 pH5.0 ～ 5.7 之间。茵芋属植物无法在潮湿或干旱的土壤中生长，在半阴或浓阴环境下长势最好。自然生长状态下的茵芋可发育出最优美的树形。应在春季新一轮生长季开始之前将形态不美观的枝条剪除。

日本茵芋

植物档案
日本茵芋

学名：Skimmia japonica。**科：**芸香科。**植株类型：**矮型观花阔叶常绿。**用途：**混合常绿植物花境、林地植物。**高度：**0.9～1.5m。**生长速度：**慢速。**生长习性及形态：**低矮，圆球形。**花期：**三月到四月。**花朵：**富有光泽的红色及栗红色花芽，盛开后为黄白色；雌花娇小，带清香，约为0.8cm宽，形成 5～7.6cm的直立圆锥花序；雄花较大，香气也更为浓郁。**果实：**雌株结亮红色核果，宽约0.8cm，颜色亮红，秋冬季很醒目；若想植株结果，需将雌雄株一同种植。**叶：**常绿，椭圆形与矩形之间，6.4cm～12.7cm长；正面为亮绿色，叶底为黄色。**土壤及酸碱度：**排水力良好且湿润的砂质土；pH5.0～5.7。**光照及水分：**浅阴到浓阴；保持土壤水分充足。**修剪季节：**花开过后。

日本茵芋

日本茵芋雌株结果

丁香

日本丁香

丁香属为大型丛生茎干灌木或小型乔木。丁香属花序由单瓣或重瓣小花组成，颜色或为丁香紫，或为玫粉，也可能为白色。丁香树可以作为孤植树在草坪中央独领风骚，也可以种在某个入口处，用其清香迎接来客，还可以当作高型树篱或用来打造一条丁香步道。丁香属植物易受霉菌和其他病虫害侵扰，因此购买时需选择抗性较强的栽培种，并将其种植在干燥且通风的凉爽地点。

提起丁香，脑海中首先想起的定是欧丁香的倩影以及它那清甜怡人的芬芳。欧丁香高约6m，于五月开花。欧丁香需要经过冬季冷空气刺激一段时间方能花开繁盛。

植物档案
"金小姐"关东巧玲花

矮丁香

学名：Syringa patula "Miss Kim"。**科**：木樨科。**植株类型**：带有芳香的落叶观花灌木。**用途**：孤植树、树篱、屏障、灌木花境、树雕。**高度**：1.5～2.7m。**生长速度**：慢速。**生长习性及形态**：圆球形，茎干丛生。**花期**：春季。**花朵**：花芽深紫色，开花后为淡粉色或蓝色。**叶**：墨绿色，秋季镀上一层紫红色。**土壤及酸碱度**：排水力良好且富含腐殖质；pH6.0～7.5或8.0。**光照及水分**：全日照；耐受一定程度的干旱。**修剪季节**：花开过后。

"报春花"欧丁香　　　　　　　　　欧丁香

什锦丁香高达3～3.6m，枝展宽广，外形十分优雅。其花色及香气与欧丁香类似，但花开更盛。抗霉菌的蓝丁香高约1.2～2.4m，枝展可达1.8～3.6m，整体树形圆润可人。五月份时，蓝丁香树叶还未长全，树高也刚到0.3m左右，但树上就已经开出了蓝紫色的花朵。树形较为紧凑的"帕里宾"蓝丁香的花苞为紫红色，绽放后为淡粉色花朵。

韩国栽培种"金小姐"关东巧玲花是所有花期较晚的丁香属植物中最为耀眼的一种。其树高约为1.5～2.7m，抗霉病，花苞为紫色，花开后颜色淡化为淡粉色或蓝色。其秋叶通常为美观的红色。"吕特斯"亨利丁香开紫花，也是花期较晚的丁香属中较为优美的一个栽培种。丁香属中开花最晚的，也是唯一一个真正能被称为丁香"树"的品种为日本丁香。日本丁香其乳白色的小花形成长达1.8m的花序，如羽翼般轻盈优雅。日本丁香的香气与女贞花类似。其栽培种"象牙锦丝"树形紧凑，高约7.5m。该栽培种花期很早且开花繁盛。

栽培：丁香宜于春季移栽到排水力良好但湿润的腐殖土中，土壤应为pH8.0左右的碱性环境。栽种地点应为全日照或轻阴。丁香扎根后可耐一定程度的干旱。应每年为苗木施肥一次。花期过后，将开花不佳的茎干剪除。保留两到三根吸根，任其生长作为备选茎干。

荚蒾

荚蒾属植物为忍冬科中十分受人喜爱的落叶和半常绿观花灌木。该属下有些种花开芬芳异常，有些则拥有色彩斑斓的秋叶和果实。大多数荚蒾属植物都为春季开花，但也有与山樱花一样早早开花或晚至六月底才开花的树种。

荚蒾属灌木的花序分为三类：上百朵白色小花组成的扁平状花序、圆润的雪球状花序，以及若干硕大花朵包成的扁平状花序。粉团荚蒾的花型属于后两种，花开时大大的花球在顶枝水平生长。美国国家植物园成功培育出了一些抗病性极强的荚蒾品种："莫霍克"刺荚蒾高约 2.4 ～ 3m，在四月初到四月中开花，花型为雪球型。其花苞为深红色，绽开后为白花，带有浓郁甘甜的丁子香香气；其叶在秋季变为明艳动人的橙红色。

"卡尤加"红蕾雪球荚蒾树形紧凑，其

"卡尤加"红蕾雪球荚蒾

刺荚蒾

"沙斯塔山"粉团荚蒾

花型也为雪球型。花时粉色的花苞绽放为白色花朵，且带有清香。"卡尤加"叶片在冬季变为艳红色，果实则为黑色。粉团荚蒾的栽培种"沙斯塔山"外形优美，高约 1.8m。五月末时，其平枝上开满一簇簇洁白的花朵，让人联想起盛花的山茱萸。花开过后，"沙斯塔山"会在仲夏时结亮红色果实。

栽培：荚蒾属植物不宜移栽。应在早春时将容器幼苗移栽到排水力良好的壤质土中，土壤以 pH6.0 ～ 6.5 的弱酸性环境为宜，并保持第一个生长季土壤湿润。将移栽后的荚蒾置于全日照环境下能促进开花，但一定程度的荫蔽也不影响生长。若荚蒾生长过高，可以在开花后将其枝条截短，这样可使其在接下来几年内都维持紧凑密枝的树形。

植物档案
刺荚蒾

学名：Viburnum x burkwoodii。科：忍冬科。植株类型：带有芳香的常绿或半常绿观花灌木。用途：孤植树、基础植物、树篱、屏障、花卉花境的背景植物。高度：1.8～3.6m。生长速度：中速。生长习性及形态：直立，茎干丛生。花期：四月初到四月中旬。花朵：带有芳香的粉白色花朵组成雪球形花簇。叶：秋季为闪亮鲜明的橙红色。土壤及酸碱度：排水力良好的壤质土；pH6.0～6.5。光照及水分：全日照下色彩最美；耐受一定程度的干旱。修剪季节：花开过后。

刺荚蒾

牡荆

牡荆属植物为落叶或常绿灌木，广泛分布于温带地区。该属植物主要观赏价值在于其夏季或夏末盛放的形似丁香花的花穗。生长迅速的穗花牡荆茎干丛生，其灰绿色叶于春季长出，带幽香。穗花牡荆花期从仲夏一直持续到九月份，届时枝头挂满 15～30cm 的蓝紫色或丁香蓝花穗，且经久不落，并伴有阵阵幽香。穗花牡荆还有一些开其他颜色花的栽培种，如"白花"穗花牡荆和开粉花的"粉白"穗花牡荆。

牡荆属植物是很好的盆栽植物，也是非常养眼的庭院灌木。牡荆在新枝上开花，因此即使冬天顶枯，来年夏天也依然会开出繁盛的花朵，重现勃勃生机。

荆条是牡荆属中耐寒性较好的一种，其树叶为灰绿色，有分裂，外形雅致，给人以飘逸清透之感。荆条在夏末开花，花色为薰衣草紫且有香气，花序

"银塔"穗花牡荆　　　　　　"浅滩河"穗花牡荆

长约 20cm。

栽培：牡荆容器苗易移栽。移栽时间应选择早春。届时将其移栽至湿润但排水力良好的 pH6.0～7.0 偏中性土壤为宜。移栽后应保持全日照。掐除枯萎花朵可促进牡荆二次开花。牡荆属植物于夏末在新枝上开花。每年春季花开之前进行修剪对植株生长有益。应将上一生长季中开过花的枝条贴主枝截短。冬日冻枯的牡荆属灌木可能看起来已经枯死，但如果将其截短到离地 0.3m 高左右，可能会促其重焕生机。

植物档案
穗花牡荆

学名：Vitex agnus-castus。**科**：马鞭草科。**植株类型**：高大的观花落叶灌木或小型乔木。**用途**：孤植树、群植、树墙。**高度**：温暖气候下1.8～3.6m。**生长速度**：快速。**生长习性及形态**：枝型通透开阔。**花期**：仲夏到九月份，气候温暖的环境中花期更早。**花朵**：形似丁香花，带有芳香，总状花序7.6～15.2cm长，尾状花序15～30cm。**果实**：不显眼的灰色到古铜色核果。**叶**：深灰绿色；叶柄长有 5～7 片 5～15cm长的小叶。**土壤和酸碱度**：排水力良好且富含腐殖质的中性土；pH6.0～7.0。**光照及水分**：全日照；喜持续湿润的土壤但也耐受一定程度的干旱。**修剪季节**：短截冬季受损的枝茎至贴近正常枝条；将冬季顶端枯萎的植株截短至离地15～30cm左右。

穗花牡荆

锦带花

锦带花属植物为落叶灌木。其枝叶繁密，树形圆润，枝展宽广。五月中旬到六月份，锦带花的枝条开满一簇簇介于玫粉色和红宝石色之间的管状小花；夏季也会开若干花。锦带花属为忍冬科，有些树种花带清香。该属下最为传统的锦带花十分坚韧，可以种在常绿灌木花境中，晚春开花时能为整体增色不少。还可以将锦带花种在瘠薄土中以改善土质。该树种几乎无须额外浇灌。

栽培种花叶锦带花花朵嫩粉，叶缘为乳白色，观赏性十足。花叶锦带花高可达 1.2～1.8m，枝展可达 1.8～3m。另有高约 0.9m 的矮小斑叶锦带花。红花栽培种"瓦尼切克"是耐寒性最好的锦带花种之一。

矮小斑叶锦带花

斑叶锦带花

植物档案
花叶锦带花

学名：Weigela florida "Variegata"。**科**：忍冬科。**植株类型**：观花落叶灌木。**用途**：特色孤植树、大型灌木花境。**高度**：1.2～1.8m。**生长速度**：中速。**生长习性及形态**：枝叶繁茂，圆球形，枝展宽。**花期**：五月中和六月。**花朵**：玫粉色的钟形小花，长约2.5cm，形成直立花簇。**果实**：不显眼的蒴果。**叶**：椭圆形，7.6～10cm长，叶缘为乳白色。**土壤及酸碱度**：排水良好的黏土或壤质土；pH6.0～7.5。**光照及水分**：全日照；保持土壤水分充足，但也耐旱。**修剪季节**：花开过后。

该栽培种花期为五月份，花开繁盛异常。"小步舞曲"是耐寒性很好的矮型栽培种，高仅 0.6～0.9m，花为深红宝石色，叶略带紫色。其他的栽培种还包括白花锦带花。

栽培：锦带花的容器苗易移栽。移栽时间应选择早春。土壤以排水力良好但湿润的黏土或壤质土为宜，酸碱度保持在 pH6.0～7.5。锦带花在全日照的环境下长势最好。该属植物在旧枝上开花。待植株充分开叶后将冬季冻枯的枝尖剪掉。冬天时摊铺护根覆盖物可以尽可能防止顶枯现象。花叶锦带花树形较小，因此应让其自然生长发展；应将植株不长花叶的枝条贴旧枝截短。

锦带花

第四部分

树篱

如果你住在北美地区，那么可以从成百上千个乔木原种和栽培种中找到适合自己园林的灌木。这些灌木可以分成15个属。本章列出了这些适合用于打造树篱的灌木属，本书第187页还列出了许多适合作为树篱的乔灌木中文名，供你轻松查阅。

树篱常识及要点

树篱作为花园中的"活"墙，能为整体空间提供结构支撑，还能让一切显得井井有条。你可用树篱在花园中围出一隅私密空间，或者将树篱种在花境之后当作背景映衬，也可沿小径栽种勾勒出绿意十足的轮廓。树篱还能为访客担任花园向导：沿着绿墙一路前行，便能发现园中更多、更美的景致。一道低矮多刺的树篱可以防止"四脚"不速客来访；茂密的中型树篱则可遮挡不美观的铁丝围栅，还能防风降噪、将落叶和杂物挡在园外；乔木或大型灌木组成的高型树篱则可形成一道隐私屏障，或者标记屋地边界。在防风方面，树篱要比实体墙更为实用。实体墙会将气流完全挡住而使其上升形成气旋，而树篱却可以过滤气流，保持通风。

设计灵感

无论是高树篱还是矮树篱，都既能让园中不同区块互相联结，又能将花园与主宅联结在一起。在设计树篱时，应考虑到其与房屋或园中建筑风格的配合，决定是对树篱进行塑形修剪以打造规则式外观，还是将其设计成更随性的自然风格。规则式树篱应线条笔直且拐角方正，或者围成圆形、椭圆形或其他几何图形的对称式图形。为维持树篱外形及边缘整齐利落，每年至少需要对其进行两次塑形修剪。黄杨木、红豆杉、崖柏和女贞等质感细腻美观的常绿植物非常适合作为规则式树篱。

现代房屋较为随性的建筑风格应搭配更趋于自

如图中结扣纹园艺所示，树篱的设计和修剪可能需要非常精心的规划。这样的树篱需要至少每年两次的塑形修剪，而且修剪的人一定要擅长走迷宫才行！

某些自然风蔷薇树篱需要在早春时剪除旧藤枝以及定期的轻修剪

树篱植物

一株合格的树篱植物首先应该耐修剪：作为规则式树篱的植物需耐塑形修剪，而用作自然风树篱的植物则应耐受轻度的枝茎修剪。除了落叶小檗属植物及常绿黄杨木等常见的树篱植物之外，还有些不太常见的植物也能形成非常美丽的树篱。如果不想拘泥于绿色，可以选择花叶品种的冬青或者女贞来增添色彩；或者可以选择花果绮丽的植物来增加美观性。总之，只要植物自然生长习性符合你心中理想树篱的尺寸和造型要求，或者可以通过修剪来控制其生长形态，那么它就是可以考虑的树篱植物。本书精选了一些最适合做树篱的植物。

通过枝茎修剪或塑形修剪，可以将某些大型灌木甚至是乔木改造成大小适中且便于打理的树篱。但是无论修剪得多频繁，树篱植物最终也还是会长为成树。有些植物会在十年左右的时间里长得过于高大，超过理想的树篱尺寸。耐塑形修剪的大型松柏植物，如铁杉或莱兰柏，应在每年修剪时留一些新枝在树上，以维持美观。即使定期截短枝茎，树篱植物最终还是会在底部长出可见的茎干和粗放的枝条。届时可以将植株整体截短到离地 0.3m 左右的高度并让其重新生长。

乍看之下，莱兰柏等生长迅速的树种可能是快速获得树篱的明智之选。但其实黄杨木等慢速生长的树种往往会长成更茂密迷人、长久实用的树篱，并且无须频繁或高强度修剪。如果花园内急需一道屏障或防风墙，那么可以与慢生树篱并排种上一排快速生长的植物。这些植物会迅速为你提供遮蔽和屏护。等到树篱植物长得更为高壮之后，就可以将这些快生植物移除。

随着树篱植物不断长大，叶片纹理也日益成为树篱的一大要素。因此，若所造树篱为近观之需，则应选择红豆杉、崖柏和黄杨木等叶片纹理细致精美的树种。若树篱在远处，则要选择整体树形结构更醒目、叶片纹理也更为粗犷的树种，如蓝冬青、叶红似火的石楠、优雅的桂樱，或是欧洲水青冈。枝条和叶片的纹理质地也会对树篱的阻障作用起到至关重要的影响：茂密多刺的植物，如小檗、木瓜海棠、冬青、云杉，以及多刺的玫瑰等组成的树篱可以有效防止动物的不速来访。

然风的树篱，多一些婀娜的曲线和不规则角度。适用于打造自然风树篱的植物多拥有更加粗放随性的树形、更为丰富的纹理线条以及更加艳丽多彩的花朵。火棘属植物和一些蔷薇属植物都能用来打造无须费心修剪的自然风树篱。

联结宅院建筑风格并不是树篱的唯一功用。用耐修剪的植物打造树篱，或用园中已种乔灌木的慢生栽培种打造树篱，都可以起到拉近其周围景观的作用。例如，某宅院生长着高大伟岸的欧洲红豆杉，那么就很适合种上一排红豆杉树篱，与其交相呼应。相反，也可以根据园中已有的树篱在周围搭配种植一些与之亲缘关系较近的植株。

虽然通常情况下树篱比砖石砌墙或木围栏易建，但若从容器苗或土球苗木开始来培育树篱，也是一个耗资耗时的大工程，通常要数年时间才能得到满意的成果。不过这漫长的等待也是值得的，因为一道美观实用的树篱可以长年累月常伴园中。只要精心选择植物种类并且用心养护，你的树篱定会变得一年比一年美丽。

图中的小型黄杨木树篱以及一旁爬满藤蔓的棚架共同营造出一个集规则式与自然风于一体的美妙画面。

常绿植物

如果想让树篱全年存在感十足，那么常绿植物显然是最优之选。矮型黄杨木、常绿的卫矛和红豆杉都可以形成紧凑的 0.3 ～ 0.6m 高的树篱。中型的崖柏、栒子、山茶和火棘则可打造长成 1.2 ～ 3m 的树篱。高大常绿乔木，如扁柏、莱兰柏和铁杉，可以长至 6m 高，不仅适合高型树篱，还可以种在裸地当作防风墙。许多实用性高的常绿树篱植物，如黄杨木、红豆杉和刺柏等，都有不同高度和形状的栽培种可供选择。

黄杨木和小叶冬青等直立形阔叶常绿植物，以及崖柏和北美翠柏等针叶细密的高大松柏植物在经塑形修剪后可以打造出独具规则式风格的树篱。而枝形开阔通透的常绿植物在经过轻度修枝之后则能给树篱带来更为柔和随性的美感，这些植物包括轻盈如羽般的菲茨刺柏、北美乔松以及生长迅速的加拿大铁杉（注：由于受铁杉球蚜虫侵害，铁杉属植物在美国东北部地区已濒临绝迹；为植株全身喷药可以起到一定程度的防治作用）。红豆杉和莱兰柏则既能驾驭规则式风格，又是自然风树篱的上好选择。在打造树篱时，可以尝试将色调有些许差异或迥然不同的栽培种搭配在一起。

落叶植物

尽管落叶乔灌木主要的观赏价值在于花叶，但有很多落叶植物即使只剩裸枝也依然能让树篱看上去风采万千，例如深冬时节的蔷薇和小檗属植物那茂密的细枝和艳丽的果实在晶莹冰雪的点缀下就依然无比动人。另外，许多落叶树篱植物在不经修剪的情况下可以长成随性的中型自然风树篱。密枝火焰卫矛的叶片整个生长季都维持着优雅的外观，并且在秋季会变成如火一般的鲜红。

观花植物及其他

无论是常绿还是落叶观花灌木都能够打造出非常美观的自然风树篱。许多阔叶常绿灌木的四季绿意广受赞誉，殊不知其花开满树也缤纷异常。桂樱的白绿色花簇不仅带有阵阵幽香，在墨绿色叶片的映衬之下还光彩熠熠。

在打造树篱时，也可将栽培需求类似的不同种植物混植。若想打造一道整个生长季都色彩纷呈的优雅自然风树篱，可以尝试将花期不同的植物混种在一起。也可将观花灌木与常绿植物混种：矮赤松可以与开黄花的落叶委陵菜和"赤红矮人"小檗交替种植，以打造美丽和谐的景致。这三种植物都喜全日照、耐盐耐旱，并且只需要轻修枝条即可。

高高矗立、修剪整洁的树篱围在走道两边，既能够展现柔和美感，又能够保护隐私，为宅院入口提供遮蔽和保护。

装点四季的树篱

以下精心挑选的树篱植物都各有特色，能为花园带来四季亮点，可以作为选购参考。同时也可以参考一些普遍认为可以通过整枝驯化而作为树篱的乔灌木。

观花树篱

大花六道木
山茶属
美洲茶属
木瓜海棠属
山楂属
溲疏属
连翘属
栀子属
木槿
绣球属
猬实
紫薇
忍冬属
夹竹桃
木槲属
委陵菜属
桂樱
蔷薇属
绣线菊属
丁香属

常绿树篱

黄杨属
北美翠柏
山茶属
雪松属
扁柏属
枸子属
利兰柏
蓝桉
扶芳藤栽培种
冬青属
刺柏属
女贞属
夹竹桃
木槲属
石楠属
松属
罗汉松属

桂樱
火棘属
红豆杉属
崖柏属
加拿大铁杉

树篱乔木

北美翠柏
鹅耳枥属
雪松属
扁柏属
黄栌
山楂属
利兰柏
蓝桉
冬青属
刺柏属
紫薇
松属
崖柏属
铁杉属

适合做树篱的灌木

大花六道木
花叶青木
美洲茶属
木瓜海棠属
枸子属
日本柳杉
溲疏属
连翘属
栀子属
金缕梅属
木槿
绣球属
猬实
南天竹
委陵菜属
丁香属

适合自然风树篱的植物

大花六道木
花叶青木
小檗属
山茶属
木瓜海棠属
利兰柏
细梗溲疏
火焰卫矛
金钟连翘
木槿
菲茨刺柏
忍冬属
南天竹
夹竹桃
北美乔松
委陵菜属
火棘属
蔷薇属
绣线菊属
红豆杉属
加拿大铁杉

适合规则式树篱的植物

小檗属
黄杨属
北美翠柏
利兰柏
小叶的
女贞属
木槲属
石楠属
罗汉松
桂樱
红豆杉属
崖柏属

树篱地点

在选择树篱植物时，要确保种植地点能够满足它的生长需求，也就是之前强调多次的"适地适树"——要选择适合自己园地栽种的植物。市面上有许多耐寒和适应力强的树篱植物品种可供选择，因此几乎任何园地环境都能找到心仪的植物。植物的适应力是非常重要的参考因素。由于树篱长度不同，很可能所处地块的生长环境也有差异。排水力、酸碱度和腐殖质含量等土壤条件可以通过改良以适应某种特定的植物，或让树篱不同长度处的土壤环境保持一致，但光照条件却很难人为改变。蔷薇属、夹竹桃以及火棘都是喜全日照的树篱植物。如果种植地点为轻阴到全阴，则应选择喜阴并可适应不同荫蔽环境的植物，比如桂樱的密枝栽培种。不同树篱植物对光照的偏好也不同，有的植物喜全日照，有的则喜半阴或轻度荫蔽，而有的植物，如适应能力较强的黄杨和红豆杉，则喜全阴环境。如果种植地点的日光随树篱长度而变化，那么较荫蔽区域的植物在栽种时应该挨得更紧，因为它们会因为日照不足而长势较疏。若种植地块环境多变，则可以将若干种植物组合起来，打造一个既有创意又美观雅致的自然风树篱。为预估树篱占地空间大小，首先要了解所选植物长为成树后的枝展宽度。同种植物不经修剪而长成的自然风树篱要比经过修剪的规则式树篱更占空间。如果在较狭窄地块种植树篱，则应选择柱形树种；一旦选择枝形开展的树种，可能需要一直进行修剪以防止其生长过大。枝叶开展的树形比较适合边界树篱，但是要栽种得当，确保植物不会影响周围邻居，否则邻居将有权力把越线部分统统剪掉。此外，无论在种植时是一穴一苗，还是若干苗木种在同一种植床中，都要确保宽度足够，以促进植物根系伸展。

如果在种植时苗木间隙稍小于苗木预估枝展宽度，那么在生长过程中这个间隙将会逐渐闭合，苗木在长为成树后也不会彼此拥挤。若想获得更为厚实、茂密、宽大的树篱，则应将植株两排式交错种下；如此种植可能成本会更高，也更耗时费工，但形成的间隙也会变得更不引人注意。

为树篱挖掘沟渠

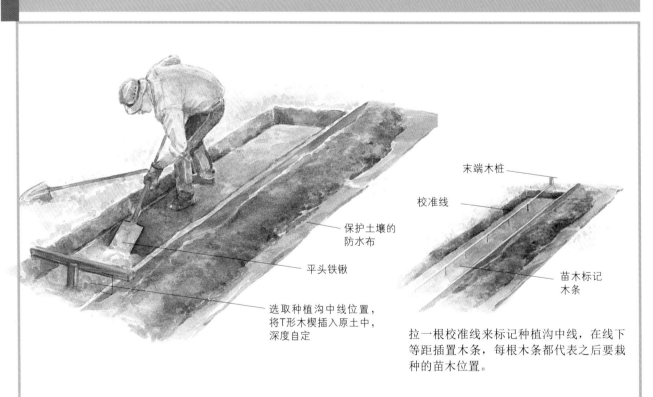

保护土壤的
防水布

平头铁锹

选取种植沟中线位置，
将T形木楔插入原土中，
深度自定

末端木桩

校准线

苗木标记
木条

拉一根校准线来标记种植沟中线，在线下等距插置木条，每根木条都代表之后要栽种的苗木位置。

为确保栽种的树篱植物间隔相同，可以将植株种在种植沟中，然后将苗木沿一条直线等距栽种，这样比单独的种植穴要容易把控苗木位置。栽种时要确保每棵苗木的基部土壤为原土且已经压实，避免之后根部沉降。如图所示按照植物栽种深度挖一个浅沟，并确保沟面土壤扎实。

挖掘种植沟或栽植穴

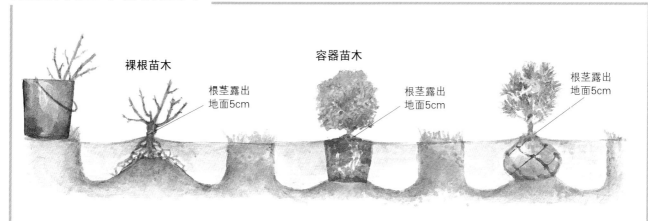

裸根苗木

根茎露出地面5cm

容器苗木

根茎露出地面5cm

根茎露出地面5cm

裸根苗木：先按照苗木栽种深度挖坑，然后在两边继续深挖，形成一个由原土堆成的土丘。

容器苗木：挖坑深度小于容器高度。将容器苗按照理想间距一排植入。栽种完毕后在每个容器周围稍微深挖几下。

土球包根苗木：挖坑深度小于根团高度。将苗木成排种下，然后在每个根团周围继续深挖几下。

栽种树篱

若想打造全新树篱，植物幼苗可能比生长多年的树木更为合适，因为幼苗价格更低廉，也能更快地适应生长环境。在气候适中的地区，应选在秋季种植树篱，让苗木有时间在入冬之前扎根，这样在春季就能迅速开始生长。在较冷地区则应选择在早春时进行栽种。

在栽种时，要根据树篱尺寸、苗木数量和大小，以及苗木间距来决定是要一穴一苗进行栽种，还是将苗木栽种到种植沟或种植床中。用于屏障和防风的大型灌木和乔木最适合一穴一苗进行栽种。但是间隔较小的小型植物则更适合种植沟。无论选择哪一种种植方式，都可以按照上图所示来准备合适的种植沟或栽植穴。

种植沟适合含有两排植物的宽树篱，以及对土壤有特殊需求的植物。如果选择用堆肥或泥炭介质等有机物来进行土壤改良，则务必要准备足够宽的种植沟以确保植株成熟根系有充分的伸展空间。

在预算足够的情况下，可以选择容器培育的灌木苗木或土球包根的植株来作为树篱植物，这样会更快见到成果。但若栽种面积较大，使用裸根苗木价格则会便宜很多，而且也一样很容易成功。当然，前提是在栽种前确保裸根苗木的根系湿润且健康。

无论是单排还是双排树篱，都应在排列植株时保持相邻苗木间隙略小于其成树枝展宽度。大多数规则式树篱植物间隙保持在 0.3 ～ 0.45m，而自然式树篱的植株间隔则可达到 0.6 ～ 0.9m，具体视成树枝展宽度而定。若树篱由两排植株组成，要将两排植株错位栽种，即第二排植株位置应与第一排植株的间隙所对应。如此排列可以起到"保险"作用，如果第一排某处的植株未能养活，那么第二排的植株则可以起到替补作用。在两排植株之间拉一根细铁丝网可以作为隐蔽防护栏，防止小动物闯入。将铁丝网下边缘插入地面至少10cm深的位置。

护根覆盖物、水分和肥料都是新栽树篱必不可少的要素。如果你所在地区在树篱第一个生长季的降雨量小于 25cm 每周，那么一定要记得每 7 ～ 10 天浇灌一次树篱。在干旱期也需要按需浇灌。最适合浇灌树篱的工具为渗水软管。每年春季，为树篱施用均衡肥料，并更换护根覆盖物。

修剪树篱

大多数乔灌木扎根之后都几乎或完全不需要修剪。但是树篱植物的命运却大不相同。规则式树篱需要定期修剪才能维持其特殊造型和尺寸。即使是自然式树篱，也需要偶尔修剪来保持合理的尺寸，或者促进开花长叶。修剪树篱（尤其是规则式树篱）最重要的一个规则就是要保持树篱的顶部比底部窄。在预计第一场秋霜降临之前六周以上停止修剪，让柔嫩的新枝可以在这段时间内长得更为强韧，为抵抗冷空气来袭做好准备。

新栽树篱

获得茂盛丰盈树篱的诀窍是让植株既长出贴近地面的枝条，又保留一些长得稍高的枝条。这也就意味着在种下树篱苗不久就需要进行一次谨慎地修剪。新栽苗木的茂密叶片可以通过光合作用为根系提供生长必要的元素，且植物顶芽也会产生激素促进根系生长，使苗木更快地稳固扎根。在栽种新苗木时，要牢记这一点。

如果要在落叶植物栽种后的第一年对其进行修剪，那么可以将主茎干的顶尖剪除。但不要为松柏植物进行掐尖修剪。

若想在规则式树篱植物生长过程中为其塑形，引导其长成特有的形状，那么只进行轻度修剪来促进植株均衡生长即可。对落叶植物进行适度修剪，而针对松柏植物和阔叶常绿植物，则只修剪一下外轮廓的枝叶即可。由于强修剪可以促进更旺盛的生长，因此若想保持树篱中所有植株的尺寸一致均衡，要秉承"强枝弱剪、弱枝强剪"的原则。随着树篱的生长，将长势强劲的枝条短截 1/3 或者更短，而长势弱的枝条则剪掉 2/3 左右。

树篱形状

错误示范

楔形和方形的树篱会导致树篱底部光秃杂乱

切面形树篱会严重影响枝叶生长。避免出现任何宽大或方形的顶端平面，这样会挡住底部枝条光线。修剪树篱时，确保其底部比顶部宽至少若干厘米。在多雪国家，要考虑哪种形状可以避免积雪。

正确示范

倒楔形和方尖碑形可以促进全树从上至下枝繁叶茂

圆形和尖形可以防止积雪

自然随性风格修剪，雪可以透过枝条间隙落到地上

塑形

塑形修剪	最终造型

切记：要在树篱苗木幼年时期就确定一个成树后理想的形状，然后剪出该形状的微型版。若想追求规则式外形，可将树篱顶部修平，但前提是当地降雪要小。

每年长势图

专家意见各异：专家们有时无法就何时开始修剪树篱这一问题达成一致意见。由于顶芽产生激素促进根部生长，裸根植物可能要先留出一年时间用来生根，然后再开始修剪。而对于容器苗和土球苗来说，一般在栽种之后立刻修剪会促进更健康的根系生长。

由于规则式树篱需要定期修剪，因此要考虑到固形修剪要耗费的时间及可能需要的花费。

固形修剪

规则式树篱的利落外形只能通过定期修剪来维持。修剪的频率通常为每年两次，需要用到手动绿篱剪或者电动（或气动）修剪机。针对某一具体树种的修剪建议请查阅该植物的"植物档案"。

松柏树篱的固形修剪频率较高，应及时修剪。这是因为大多数松柏植物新芽只从新枝而生，所以只有定期将新生枝叶修剪掉才能打造并维持一个美观精致的茂密树篱外形。在春季新芽还很柔软的时候挑选绿色较浅的部分剪掉，如果有必要的话，可以将修剪频率定为每周两到三次。如果在生长季后期才开始进行修剪，则会给植株留下不美观的修剪切口，直到下一生长季才会逐渐消退。

旧篱焕新

定期进行固形修剪的树篱可以数年如一日地陪伴我们。但是即使你未能悉心照料养护树篱，或者未能定期修剪而导致其严重超过理想尺寸，这也并非不可改变。许多落叶树篱、红豆杉树篱，以及黄杨等阔叶常绿 树篱都可以经过挽救而重焕生机。总体来说，只要是对强修剪或高强度改造反馈良好的植物，都非常有可能获得重生的机会。

旧篱焕新的其中一种方法是即将树篱植物剪至贴地高度，然后让其重新生长。这一方法对于自然风树篱尤其奏效。还有一种较为复杂、但是能够保住部分原有树篱外形的方法，是在第一年先将树篱一侧剪掉，然后第二年再将另一侧剪掉（如右图所示）。

无论选用上述哪种方式，唯一不变的原则是要在焕新前后的生长季悉心施肥、覆土并浇灌，这样可以促进新生枝条的生长发育。落叶树篱的焕新工程应选择在植株休眠期进行，但常绿树篱的焕新则应选择春季中期。

固形修剪

只要勤加练习，许多人都已经能够凭目测来对树篱进行修剪，修剪工具通常为手动绿篱剪或电动修剪机。大多数叶小且排列紧凑的落叶和常绿植物都可以进行塑形修剪。为了维持规则式树篱的利落造型，一年至少要进行两次塑形修剪。通常要等到新芽长出但还十分柔嫩的时候进行修剪。在使用电动修剪机时，为了不让电线妨碍操作，可以将其搭在持机器一边的肩膀上。警告：确保修剪机的电线符合出厂明细要求，并且确保其由室外用电设备带剩余电流动作保护器进行保护。

旧篱焕新

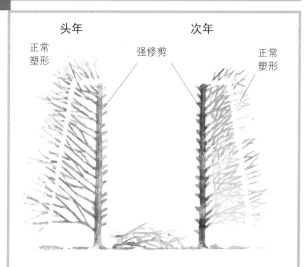

为减小过度生长树篱的宽度，对其一侧枝条进行强修剪（如上图左），然后另一侧按照自己的心意正常修剪塑形即可。第二年时，对另一侧强修剪（上图右），然后对去年强修剪一侧长出的新生枝条进行塑形修剪。

小檗

小檗

小 檗属植物生长速度缓慢且粗壮坚韧，原生于亚洲、欧洲和北美洲的温带地区。小檗属灌木能够打造出色彩艳丽、引人驻足的树篱。有些小檗属植物枝叶多刺，其锋利程度足以防止宠物跑出花园，也能阻止野生动物不速造访。春季时分，小小的花朵竞相绽放；而秋季时，落叶小檗属灌木的叶片会变成绚烂的金色、橙色和赤红色；而那硕大醒目的果实更是为这色彩纷呈的景致再度增添一抹明丽。冬季到来后，常绿和落叶小檗那小枝繁茂的整体结构以及玩味十足的枝条造型，无论有无经过修剪，都为冬日园林带来更多的纹理层次感。

小檗属中的落叶树种拥有最明艳的秋色，耐寒性也最为优秀。靓丽的紫叶日本小檗的栽培种尤为受人欢迎："红色小矮人"的树叶幽紫中透着鲜红，秋季结亮红色浆果；开白花的"玫瑰之光"和"粉红女王"高均为 1.5m 左右，幼树长有娇艳欲滴的玫粉色树叶，

"红色小矮人"紫叶小檗和金叶小檗

金叶小檗

"红色小矮人"紫叶小檗

随树龄增高逐渐变深，进而长出彩色斑点或条纹，颜色或灰、或白，抑或紫红。金叶日本小檗幼树金黄耀眼，到了夏末则变成更为淡雅的黄绿色。

常绿小檗属灌木比落叶小檗的花更为硕大。"豪猪刺"树高约 1.2 ～ 1.8m，开黄花，叶为墨绿且多尖刺，作为树篱则颇有 ·副"生人勿近"的架势。豪猪刺的浆果为蓝黑色。疣枝小檗高约 0.9m，外形十分雅致，约 2.5cm 长的叶片闪着绿光，秋季变为古铜色。其硕大金黄的花朵开放过后结蓝黑色果实，表面还有一层雾一般的粉霜。

栽培：小檗在早春或秋季易移栽。该属植物几乎可以在任何土壤中生长，且耐阴。但若想获得最艳丽的色彩，应将其置于阳光下。小檗在旧枝上开花。为控制树篱高度和外形，应在花期后不久修剪。

"威廉佩恩"豪猪刺

达尔文小檗

植物档案
"红色小矮人"紫叶日本小檗

学名：Berberis thunbergii "Crimson Pygmy"。
科：小檗科。
植株类型：多刺落叶灌木，叶色明丽，秋季结红色浆果。
用途：树篱、带刺围护、孤植树。
高度：0.45～0.6m。
生长速度：慢速。生长习性及形态：枝展宽阔且枝叶茂密。
花期：四月和五月。
花朵：黄色花朵形成较小的花簇，生于茎干下表面。
果实：亮红色浆果。
叶：紫红色叶。
土壤及酸碱度：适应性强。
光照及水分：全日照下色彩最美，但在荫蔽环境中也可正常生长；耐旱。
修剪季节：花开过后不久进行修剪。

"红色小矮人"紫叶小檗

黄杨

锦熟黄杨

黄杨属植物原产于欧洲和亚洲，为生长速度缓慢的常绿灌木。其树形似层层波涛，又有一点金字塔形。黄杨属灌木长有细密整齐的叶片，同时很耐塑形修剪，因此成为打造树篱、饰缘以及树雕造型的理想之选。早在古罗马时期，人们就开始用黄杨来制作树雕。到了文艺复兴时期，黄杨开始作为矮型规则式树篱出现在意大利的花园和凡尔赛宫恢宏的花坛中。

冬日宝石　日本黄杨整枝后的金字塔形

佛吉尼亚州生长的一些黄杨树历史悠久。未经修剪的黄杨最终会达到4.5～6m。树形低矮、只能长到1.8m左右的"瓦尔达尔河谷"耐寒、耐旱。"格雷厄姆"则为直立圆柱形，高约2.1～3m，枝展0.3m，是非常理想的主景植物。同样适合作为主景植物的还有高1.5m、树叶灰绿的金边锦熟黄杨。这两种黄杨无论何时都是花园中的焦点。朝鲜黄杨栽培种"冬绿"黄叶小杨冬叶颜色优美。高约1.5m的"绿山"耐反复修形，且冬日叶色鲜绿，是最适合作为树篱的黄杨之一。

栽培：容器黄杨苗在秋季最易移栽。移栽土壤需要为排水力好、富含腐殖质、pH6.0～7.2的疏松土壤。

锦熟黄杨

黄杨不耐盐，根部也不宜潮湿，扎根之后可耐一定程度的干旱。黄杨应种在阳光下或半阴环境中。春季新枝全部长出后将过长的枝条剪掉，以维持整体树形葱郁美观。可将过度生长的黄杨在五月份时短截至离地0.3m左右来对其重新塑形。由于黄杨树叶有毒，因此野鹿会避开这类植物。

植物档案
锦熟黄杨

学名：Buxus sempervirens。**科**：黄杨科。**植株类型**：阔叶常绿灌木。**用途**：树篱、饰缘、屏障、树雕、孤植树。**高度**：4.5～6m。**生长速度**：慢速。**生长习性及形态**：金字塔形，带波浪线条。**叶**：1～3cm长，叶上表面为墨绿色且富有光泽，叶底绿色更浅。**土壤及酸碱度**：排水力良好且富含腐殖质；pH6.05～7.2。**光照及水分**：日照；半阴。**修剪季节**：晚春新生结束后。

锦熟黄杨

卫矛

银边冬青卫矛

卫矛属植物为卫矛科。卫矛科包含很多落叶和常绿乔灌木及藤蔓植物，主要观赏价值在于其美观的叶片和色彩艳丽的秋日果实。卫矛为落叶灌木，高约 3.6～4m。秋季时，其叶一一变为赤红色，将全树笼罩在玫瑰一般的柔光之下；就连树上结出的小簇果实也都会变成红色。其余三季，卫矛纤细的茎干上长满绿叶。其枝条具有宽阔木栓翅，因此又称卫矛为"羽翅卫矛"。若想挑选适合中型树篱的卫矛，那么 1.8～3m 高的矮型栽培种密冠卫矛是不错的选择。低矮树篱则可选择 0.9～1.5m 高且耐强修剪的"鲁迪阿格"。

小叶扶芳藤

警告：卫矛在美国东部和中西部部分地区为野生状态，且已开始对当地原生灌木造成生长威胁。因此卫矛只适合种植在都市或市郊等地区，以减少鸟类将其树种播撒到野外的可能。卫矛为常绿灌木，适应力强，可经过整枝驯化成为极其优美迷人的自然风树篱、饰缘植物、树雕以及树墙，同时还可以作为屏障来遮挡不美观的围栏。扶芳藤是卫矛属下非常受人欢迎的一个树种，也可作

密冠卫矛

为原种培育出很多外形优美的栽培种。这些栽培种可以长出一簇簇亮丽的小浆果，果皮裂开后展现出彩色的种子。有些斑叶品种远观之下为柔美的灰绿色。扶芳藤易受介壳虫侵害，因此在购买之前应先与当地可靠的苗圃进行咨询。

栽培：卫矛属容器苗宜于初秋或春季移栽至任何非沼泽土的土壤中。卫矛属在荫蔽或日照环境中都能健康生长。该属下的卫矛在自然生长状态下能发展出最为优美的形态。为将常绿卫矛树篱的高度维持在 1.2～1.8m，应于晚冬时选择性地将旧木剪除。

植物档案
卫矛

学名：Euonymus alatus。**科：**卫矛科。**植株类型：**大型落叶灌木，秋叶颜色迷人。**用途：**自然风树篱、孤植树。**高度：**3.6～4.5m或6m。**生长速度：**慢速。**生长习性及形态：**平顶、枝型宽阔，整体为圆球形或水平生长。**花期：**春季中期。**花朵：**不显眼。**果实：**秋季结红色蒴果，部分被叶片遮挡。**叶：**富有光泽的墨绿色叶片；形状纤细，椭圆形，10～18cm长；秋季为明丽的猩红色到深紫红色。**土壤及酸碱度：**排水力良好且富含腐殖质；pH5.5～6.5。**光照及水分：**全日照下色彩最美；保持土壤湿润，但也可以耐受一定程度的干旱。**修剪季节：**在晚冬时修剪旧枝。

冬季卫矛的栓翅状小枝

女贞

女贞属多为常绿和落叶灌木，原生于亚洲、欧洲和北美洲。该属下有些树种非常耐塑形修剪，很适合作为高型树篱或者屏障。女贞属植物生长快速，对生长环境几乎没有要求，即使在海滨地区也能茁壮生长。该属灌木茎干丛生，枝叶繁茂，叶为墨绿色，呈椭圆形，长约 2.5～5cm；其花小而洁白，成簇开放，有时会带较难闻的气味；开花后结蓝黑色浆果。

原产于日本的卵叶女贞长势旺盛、树形高大，能够长至 3～4.5m 高，是非常优秀的树篱植物。夏季时，卵叶女贞会开出一簇簇乳白色的花朵，随后结黑色果实。另有与卵叶女贞类似的杂交女贞，生长迅速的杂交种金叶女贞生有耀眼夺目的金黄色叶片。

高为 3～3.6m 的落叶灌木阿穆尔女贞十分受人欢迎，该树种可耐重修剪。钝叶水蜡树与阿穆尔女贞的耐寒性相当，高约 1.5～1.8m，枝展宽阔，很适合作为自然风树篱种植。

栽培：女贞属灌木的容器苗易移栽，移栽土壤除不宜过湿外无其他特殊要求。苗木在日照或荫蔽环境下都可良好生长。女贞属灌木适合生长在 pH6.0～7.5 的土壤中。若将女贞作为树篱种植，应在种下后先将苗木短截至离地 3.6m 高或更低，之后在四月份时再度修剪。如此反复 2～3 年，即可确保树篱底部枝叶茂盛。之后，在每年生长季花期过后根据外形需求进行轻微的塑形修剪即可。

女贞

日本女贞

卵叶女贞

阿穆尔女贞

植物档案
阿穆尔女贞

学名：Ligustrum amurense。**科：**木樨科。**植株类型：**高大且茎干丛生的阔叶常绿灌木。**用途：**高树篱、屏障。**高度：**3～3.6m。**生长速度：**快速。**生长习性及形态：**枝叶繁茂，直立，趋于金字塔形。**花期：**五月到六月。**花朵：**乳白色花朵形成 1～2 个圆锥花序，气味难闻。**果实：**早秋结浆果状果实，留存枝头时间久。**叶：**椭圆形到圆形，墨绿色。**土壤和酸碱度：**可耐受大多数类型的土壤；pH6.0～7.5。**光照及水分：**日照或荫蔽；耐旱但是不耐根部潮湿。**修剪季节：**花开过后。

忍冬

"阿诺德红"新疆忍冬

京红久忍冬

忍冬属植物多为粗壮坚韧的灌木和缠绕而生的藤本植物，适用于很多不同的园林景观。灌木忍冬可以通过整枝驯化而形成高矮各异的自然风树篱或屏障。其小而丰满的浆果能够吸引鸟儿；芳香浓郁的花朵常为白色、粉色、黄色或红色。忍冬属中最为馥郁芬芳的当数郁香忍冬。郁香忍冬于晚冬或早春开白花，花期约数周，届时浓郁的柠香绵延不绝。其树高约3m，树形直立，枝条上展十分宽阔。郁香忍冬粗硬微垂的枝茎盘错而生，作为自然风树篱或屏障植物十分美观亮眼。另外，将其种在开阔林缘任其自然生长，也能收获美丽的野态景致。

新疆忍冬耐受力强，即使在海岸地区也能健康生长。新疆忍冬在美国南方地区为常绿灌木，其芳香的粉白色小花比郁香忍冬开放得要晚一些，开花后会结红色或黄色果实。新疆忍冬易受虫害，但是目前已经培育出了抗虫性更强且优美依旧的栽培种，如"阿诺德红"新疆忍冬。

"克拉维"硬骨忍冬和"琥珀丘"高度均为0.9～1.2m，枝展几乎可以达到高度的二倍宽。这两种栽培种叶片为蓝绿色，开白花，开花后结深红色浆果。

新疆忍冬

栽培：忍冬易移栽，移栽时间以春秋为宜。忍冬适合长在湿润、排水力好的黏土或壤质土中，对酸碱度无硬性要求，但以pH6.0～8.0为最优。忍冬属植物在全日照下长势最旺，但在半阴的环境中也可以健康生长，温暖地区尤是如此。忍冬除剪除弱枝外一般不需要其他修剪。开花后，将老弱枝剪到新生芽上方一点的位置。过度生长的忍冬植株可以在春季新生开始之前整体短截至贴地高度，使其重新生长。

植物档案
郁香忍冬

学名：Lonicera fragrantissima。**科**：忍冬科。**植株类型**：花开芳芳的落叶观花灌木。**用途**：矮型或高型自然风树篱。**高度**：1.8～3m。**生长速度**：中速。**生长习性及形态**：直立，枝展宽，枝型为喷泉形。**花期**：三月或四月初。**花朵**：乳白色小花，带花香，但外形不显眼。**果实**：0.6cm红色浆果，表面闪亮。**叶**：椭圆形；3.8～7.6cm长；蓝绿色到墨绿色。**土壤及酸碱度**：排水力良好的黏土或壤质土；pH6.0～8.0。**光照及水分**：全日照但也耐浅阴；保持土壤水分充足。**修剪季节**：花开过后。

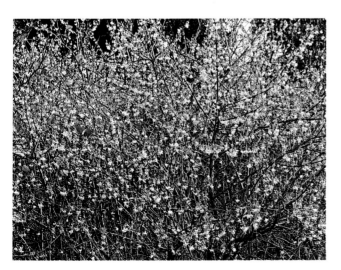

郁香忍冬

夹竹桃

"鲑红娇小"夹竹桃

夹竹桃为常绿观花灌木，夹竹桃科下的树种，该科植物原生地区从地中海跨日本。小蔓长春花也为夹竹桃科。整个漫长的夏季，夹竹桃都会盛放一簇簇0.6m左右的迷人花朵，颜色或白、或红、或黄，又或是粉色和丁香紫。有些栽培种的花带有沁人心脾的清甜。夹竹桃明丽的花朵、常绿的革质叶片、英姿飒爽的枝形，以及无须费心养护的特性，让它成为自然风树篱、屏障、灌木花境以及盆栽植物的理想之选。夹竹桃耐反复塑形修剪，因此也适合作为规则式树篱植物。此外，夹竹桃还有极好的抗高温、抗干旱、抗盐雾及抗强风的特性。气候较低地区的花园可以种夹竹桃盆栽，夏季将其置于室外，冬季再搬回室内放在采光好的窗旁。南方苗圃中可以找到数十种栽培种夹竹桃；近年来也培育出了许多色彩浓烈的北非栽培种。美国加州培育出了"娇小"系列品种，通常高度和枝展都只有1.2～1.8m，其小巧玲珑的外形广受人们喜爱。

栽培：夹竹桃叶片和枝条中的乳质树液有毒，因此种植时应注意避免选择儿童易接触的地点。夹竹桃易移栽，植株对土壤无特殊要求，只要排水力好且肥沃即可。植株在全日照下长势最旺，但在半阴环境下也可良好生长。土壤各部位均匀湿润最能促进生长。夹竹桃在新枝上开花，因此可以在晚冬或早春根据需求自行进行剪枝。

通过整枝驯化而长成乔木形的夹竹桃

夹竹桃

植物档案
夹竹桃

学名：Nerium oleander。**科**：夹竹桃科。**植株类型**：观花常绿灌木。**用途**：中到高型自然风树篱、防风防盐雾屏障。**高度**：1.8～3.6m。**生长速度**：慢速。**生长习性及形态**：直立，枝繁叶茂，顶部圆润。**花期**：整个夏季到中秋时节。**花朵**：带有芳香，大约2.54cm宽；单瓣花或复瓣花；白色、粉色、红色花朵在枝头形成饱满的花簇。**果实**：纤薄的荚果，长约12.7～17.8cm。**叶**：3～4片约7.6～12.5cm、宽1.3～1.9cm的叶片轮生；色泽为深灰绿。**土壤及酸碱度**：排水力良好、湿润且肥力足；耐一定程度的干旱；耐盐性土壤。**光照及水分**：全日照或半阴；保持土壤水分充足但也耐一定程度的干旱。**修剪季节**：晚冬、早春。

夹竹桃

木樨

木樨属植物为外形俊美的大型常绿灌木，其叶为墨绿色，形似冬青。中秋或早春时节，木樨属植物会开出带香气的小花。该属灌木外观优雅且耐塑形修剪，很适合作为树篱。高约 3～6m 的桂花是木樨属植物中花香最浓的一种，同时也是最娇嫩的一种。银桂高约 3m，一簇簇的橙色小花最为芬芳，在中国用来泡茶增香。与银桂相似、但更为耐寒的杂交种刺叶儿会在秋季香飘满园。枝开叶展、树形高大的管花木樨高从 1.8m 到 6m 不等。四月份时，小枝繁茂的管花木樨全树开满芳香的白色花朵。高 3m 的刺桂会从九月一直到十一月持续开花。高约 1m 的白色花叶栽培种三色刺桂叶尖点缀着粉橙色。别名为"魔鬼木"的美洲木樨原生于北美洲。美

刺桂

桂花

洲木樨树篱高度可达到 7.5m，适合种植在潮湿多阴的地点、海岸地区以及 pH4.0～6.0 的酸性土中。

美洲木樨树形开阔通透，全年四季都魅力非凡，且会在每年三月末到四月份开带有芳香的花朵。

栽培：木樨属灌

美洲木樨

木的容器苗宜于早春移栽至排水力良好、肥沃的酸性土壤中，pH 值以 4.0～6.0 为宜，但木樨也可以适应碱性土壤或城市环境带来的生长压力。木樨在明亮荫蔽处长势最好。该属植物新生枝芽均长在旧木之上，能耐受强修剪。可以在四月份时对其进行高强度塑形修剪，防止其过度生长；或者在五月份时截短过长的新生枝条。任何维持树篱外观整齐的塑形修剪都应在七月前完成。

植物档案
桂花

学名：Osmanthus fragrans。**科**：木樨科。**植株类型**：带有芳香的观花阔叶常绿灌木。**用途**：树篱、孤植树、早春和秋季赏花。**高度**：3～6m。**生长速度**：慢速到中速。**生长习性及形态**：枝繁叶茂、枝展宽阔且整体直立上展。**花期**：春季或夏季。**花朵**：娇小的白花。**果实**：蓝黑色蒴果。**叶**：小分齿，墨绿色。**土壤及酸碱度**：排水力良好、肥力足的酸性土，pH4.0～6.0，但也可耐其他酸碱度的土壤。**光照及水分**：半阴；保持土壤水分充足。**修剪季节**：春季修剪以控制尺寸。

桂花

石楠

石楠属植物为高大葱郁的常绿或落叶乔灌木，初夏时开白色花朵，随后结红色浆果状果实。因其通红的果实颇具圣诞气氛，因此又称石楠属植物为"圣诞莓果树"。石楠属植物为蔷薇科，因此与蔷薇一样易受很多病虫害困扰，如火疫病和霉病。如果所在地区此类病虫害现象严重，应选具有抗病虫特性的栽培种种植。

红叶石楠是观赏性灌木。该树树形直立，高约4.5～6m，可以用来打造美丽的规则式树篱、厚实的防风树墙以及茂密的屏障。但红叶石楠最大的应用价值在于其郁郁葱葱、油光锃亮的叶片以及带有闪亮紫铜色的新生枝芽。为促进树篱新生，应在每年早春和夏季进行修剪。花园中若有修剪整齐的红叶石楠树篱，待到新叶萌发时绝对会是不可错过的一道风景。

与红叶石楠相比，高度约为3～

光叶石楠

3.6m 的光叶石楠则体型较小，开花也更为鲜艳夺目。毛叶石楠多为 3 ～ 4.5m 的灌木或者小型乔木（落叶）。茎干丛生的毛叶石楠开花极具观赏价值。同样值得观赏的还有它那美

毛叶石楠

丽的秋叶：原本油绿的树叶在秋季变为红色与古铜色，直到落叶之前都一直维持明艳色彩。

栽培：石楠属植物的容器苗宜在秋季或早春移栽至排水力良好且肥力足的土壤中。石楠对土壤酸碱度适应性很强。生长在全日照环境下的石楠颜色最美，但是在半阴环境中也能健康生长。若在四月份和夏末分别对红叶石楠进行剪枝，植株会在每个切口处长出 2 ～ 3 根彩色闪亮的新芽。截短时尽量贴近灌木主干，确保切口能被枝叶遮挡不外露。

红罗宾 红叶石楠

植物档案
红叶石楠

学名：Photinia x fraseri。科：蔷薇科。植株类型：阔叶常绿灌木。用途：高树篱、屏障、防风树。高度：4.5～7.5m。生长速度：中速到快速。生长习性及形态：直立。花期：六月到七月中。花朵：五瓣白花，每片花瓣宽度为 0.8cm；花朵形成 15cm宽的扁平头状花序；有恶臭。果实：直径约0.6cm的红色圆球状果实。叶：带小分齿，长约10～20cm，形状为拉长尖椭圆形；新生叶为古铜红色，2～4周后变为富有光泽的绿色。土壤及酸碱度：排水力良好且肥力足；酸碱度耐受范围广。光照及水分：全日照下色彩最美。

红叶石楠

罗汉松

南罗汉

罗汉松属植物属于南方常绿植物，与红豆杉属有亲缘关系，两个属的植物果实也很类似。罗汉松属下的南罗汉为树形刚硬笔直、高 2.4～7.5m 的常绿树，长有墨绿色针叶以及鳞状花朵；开花后于秋季结紫红色浆果状可食用果实。南罗汉及同属其他树种均为原生于南半球及热带高山和高地地区的针叶灌木和小型乔木。南罗汉雌雄异株，初夏开花。其雄花花簇似柔荑花序，雌花则单生。罗汉松耐盐雾，其变种短叶罗汉松为纤窄的灌木树形，生长速度缓慢，成树可达 3m，可以形成非常美丽、紧凑的墨绿色树篱。短叶罗汉松还很适合作为盆栽观赏。北部地区通常将盆栽短叶罗汉松的幼树置于室内和庭院中。

罗汉松属有两种尺寸更大的树种：细叶非洲松和亨克尔氏罗汉松。若花园中已经有了一道罗汉松树篱，则很适合将这两种罗汉松孤植在园中予以搭配。细叶非洲杉是非常美观雅致的中型松柏树，垂坠的枝条上披有蕨叶状叶片，形成一个美丽的大伞。细叶非洲杉可以长至 15m 高。亨克尔氏罗汉松比细叶非洲杉体型小一些，高约 6～7.5m。亨克尔氏罗汉松树枝直立上展，其上披挂着一绺一绺细长而富有光泽的墨绿色针叶。

栽培：罗汉松属植物的容器苗木宜于秋季或早

南罗汉

春移栽至排水力良好且肥沃的腐殖土中。罗汉松属植株在全日照下生长最好，但也耐半阴。罗汉松还耐中度干旱，不喜根部潮湿。为将其整枝为自然风树篱，可以在七月份之前对植株进行强修剪，以促进低枝生长。如此一来新长出的枝条才会在冬季来临前有足够的时间发育得更为坚韧。如需在生长季中进行两次塑形修剪以维持树篱的外形，应分别选在五月和七月进行。

植物档案
南罗汉

学名：Podocarpus macrophyllus。**科：**罗汉松科。**植株类型：**窄叶常绿松柏植物。**用途：**树篱、屏障、孤植树、海岸花园花境。**高度：**2.4～7.5m。**生长速度：**慢速。**生长习性及形态：**圆柱形或直立的椭圆形。**花期：**春季中期。**花朵：**雄花似柔荑花序；雌花梗短，长有鳞状苞片。**果实：**1.3cm长，蛋形，颜色为紫红色，可食用。**叶：**1.9cm宽，5～10cm或更长的针叶，上表面墨绿色且富有光泽，叶底有两条白色气孔带。**土壤及酸碱度：**富含腐殖质且排水力良好，肥力足；酸碱度耐受范围广。**光照及水分：**全日照或浅阴；扎根后耐旱但不耐根部潮湿。**修剪季节：**夏季在生长结束之后。

南罗汉

桂樱

海滩李

李属植物包含很多种果树，其中就有非常美丽的观花樱树和杏树。李属植物中适应性最强，最适合作树篱的树种为桂樱。桂樱原产于欧洲，是高大灌木。"卢依肯"桂樱是体型比原种稍小的常绿栽培种，深受人们喜爱。这种桂樱看起来很像是 0.9～1.2m 高的山月桂，也有着 10cm 左右长的富有光泽感的树叶。春季时，小小的白花组成毛蓬蓬的直立花束，长满"卢依肯"的枝头，即使生长在浓阴环境下也丝毫不影响其繁花盛开。该树种不仅是非常理想的饰缘植物，也很适合打造美丽的中矮型树篱。"斯基普"体型稍大，在适当防寒保护下可以耐受一定的冬季气候。

桂樱耐盐性土壤，同属海滩李也具有这一特性，海滩李为高约 1.8m 的灌木。桂樱和海滩李都可作为沿海岸线防风树。

栽培：桂樱容器苗木宜于早春移栽至湿润但排水力良好的腐殖土中。桂樱抗旱，对土壤酸碱度适应力强，在全日照下长势最好，但在浓阴环境下也可正常开花。"卢依肯"耐塑形修剪，但若不加修剪反而能发展出更美观的外形。若灌木看起来无精打采，可在春季或初夏强修剪来重焕新生。

海滩李

植物档案
"卢依肯"桂樱

学名：Prunus laurocerasus "Otto Luyken"。**科**：蔷薇科。**植株类型**：阔叶常绿灌木；矮型桂樱。**用途**：中型或低矮阔叶树篱、饰缘植物。**高度**：0.9～1.2m。**生长速度**：慢速。**生长习性及形态**：枝叶繁茂，枝展约1.8～2.4m。**花期**：春季。**花朵**：白色小花成片开放。**果实**：紫黑色，藏于叶中。**叶**：墨绿且富有光泽；10cm长，2.5cm宽。**土壤及酸碱度**：排水力良好且富含腐殖质；酸碱度耐受范围广。**光照及水分**：最喜全日照，但在荫蔽环境下也可开花；保持土壤水分充足。**传粉者**：无须传粉者。**修剪季节**：花开过后，在春季或初夏进行修剪，但不加修剪能够获得更美丽的树形。

"卢依肯"桂樱

火棘

火棘属植物原生于欧洲和亚洲。该属植物为外形优美的阔叶常绿灌木，拥有精致的叶片和锋利的尖刺。火棘属植物会在五月或六月开白花，随后结大量浆果。其浆果呈红色、橙色或黄色，斑斓夺目，存留枝头深久。火棘经过修剪后可以作为枝繁叶茂的树篱。枝展宽阔的火棘可以经过整枝驯化成为美丽的树墙，而直立树种则可栽成一排作为屏障。欧亚火棘是火棘属中色彩最为鲜艳明丽的一种，其高约3.6m。欧亚火棘中有三个常绿栽培种，多年来一直广受欢迎："拉兰德"火棘树形挺拔直立，结橙色浆果，很适合作为屏障；"喀山"火棘树形则较为矮小紧凑，

台湾火棘

浆果为鲜亮的橙红色；杂交种"罗格斯"高约0.6～0.9m，枝展宽阔，结橙色果实。欧亚火棘与台湾火棘的杂交品种"莫哈维"是树形挺拔笔直的半常绿灌木，在八月中旬会结累累硕果。栽培种"小丑女"则拥有醒目亮眼的花。窄叶火棘及其栽培种在火棘属中耐寒能力最强。栽培种"小矮人"和"莫嫩"结橙色浆果。火棘属植物易患火疫病，但是栽培种"阿帕奇"和"莫哈维"都具有良好的抗病性。"阿帕奇"也为紧凑树形，且不需要修剪。

冬日里的欧亚火棘

栽培：火棘属植物的容器苗木在移栽时需要多加呵护。在早春时将其栽入排水力良好、肥沃且pH5.5～6.5的土壤中。植株在全日照下结果最多，但也耐半阴。火棘层叠生长的枝条是其重要的观赏元素，因此应让其自然生长出最美的线条。如果枝条过长，于花期过后将上一年的旧枝选择性地剪除，留下花开最盛的花簇结果。任何修剪的切口都该贴近灌木中心干，以遮挡切口伤疤。

植物档案
"莫哈维"火棘

学名：Pyracantha coccinea "Mohave"。**科**：蔷薇科。**植株类型**：可观花观果的阔叶半常绿灌木。**用途**：树篱、树墙、屏障、孤植树。**高度**：2.4～3m。**生长速度**：快速。**生长习性及形态**：枝条多刺且僵硬，枝形开阔且枝展宽。**花期**：春季。**花朵**：小白花形成的花簇。**果实**：球形橙红色浆果状果实成簇而生。**叶**：墨绿色且富有光泽，长约2.5～6.3cm。**土壤及酸碱度**：排水力良好；pH5.5～7.5。**光照及水分**：全日照下色彩最美；耐旱。**修剪季节**：花期过后选择性地修剪掉散生枝条，只留下开得最好的花朵待其结果。

火棘

"莫哈维"火棘

蔷薇树篱

排蔷薇花的树篱是花园中最美丽动人的自然风边界，其全副武装的尖刺亦能起到阻拦和防护作用。品质最优秀的蔷薇往往可以花开一季或者反复开花，并且也有良好的抗病性。

"简约"卵果蔷薇

高型树篱及海岸围护：原产于亚洲的玫瑰为树形高大硬挺的灌木，可以用来打造茂密厚实且带有坚硬针刺的树篱。玫瑰耐盐性土壤及强风，因此通常

玫瑰果

在美国东北部沿海岸线种植。春季时，某些现代栽培种会开出带丁子香味道的单瓣花或重瓣花；而到了夏季还会二度开花。当秋季到来后，闪闪发亮的珊瑚橙色玫瑰果伴随着明媚动人的秋叶姗姗来到。玫瑰抗虫害，耐寒性普遍良好。

"达格玛·哈斯特鲁普"玫瑰高约 1.2m，长势十分旺盛，因此即使反复修剪也不会影响其开花。

中型树篱：卵果蔷薇生长速度快、枝叶繁茂，且充满蓬勃活力，非常适合用来打造 1.2～1.5m 高的树篱。某些受人欢迎的栽培种可以开出类似杂交茶香月季的小花，且可重复开花若干次。杏花村月季一直以来都是人们最喜爱的树篱植物之一。高 1.2～1.5m 的"杏花村"花开繁盛，花朵为五瓣花，带有清透娇嫩的粉色；其琥珀色的树叶久生于枝头，直至霜降才会落下。卵果蔷薇的另一栽培种"简约"树形挺直，作为"活"树篱雅致异常。

英国的灌木蔷薇也很适合作树篱。此类蔷薇可反复开花且芳香四溢。英国灌木蔷薇可抗病虫害，生命力旺盛且具有茂密丰盈的外观，栽培种"布莱顿"可以长至 1.5m，开花时一片片娇小的黄色花朵涌上枝头。

若想打造具有自然野态的树篱、饰缘或打造一片高型地被防护，那么蔓生的"美迪兰"月季则是理想之选。其抗病性强，无须费心呵护也可带来整季的繁花烂漫。

矮型树篱：郁郁葱葱的多花蔷薇生长缓慢但颇有活力，可以作为密不透风的茂密树篱。美迪兰整个生长季都会开大量不足 5cm 大的迷人花朵。其栽培种"小仙女"在市面上十分流行，开一簇簇贝壳粉色的重瓣小花，并带有清香，插在花瓶中久久不败。

栽培：栽种前在土壤中掺入鱼粉（5-10-5 缓释肥）或蔷薇专用配方肥。选在早春或秋季将蔷薇种于排水力良好的腐殖土中，酸碱度以 pH6.0～7.0 为宜。蔷薇属灌木需要每天日光直晒 6～8 小时。从早春到七月中旬要每月定期施肥，干旱期要进行浇灌。

植物档案

"达格玛·哈斯特鲁普"玫瑰

学名：Rosa rugosa "Fru Dagmar Hastrup"。**科**：蔷薇科。**植株类型**：带刺的落叶观花灌木。**用途**：海滨地区固沙植物、树篱、高大饰缘植物、标界植物。**高度**：1.2～1.8m。**生长速度**：快速。**生长习性及形态**：僵直多刺且茎干丛生的灌木。**花期**：六月开花，且直到夏末之前会重复开花。**花朵**：开大量的银粉色小花，带芳香。**果实**：硕大的球形蔷薇果，颜色橙红。**叶**：叶厚质，墨绿色，叶缘带有锯齿；秋季变为橙红色。**土壤及酸碱度**：排水力良好；富含腐殖质；pH6.0～7.0。**光照及水分**：全日照；旱季时保持土壤水分充足。**修剪季节**：早春时将旧藤截短至贴地高度；掐除枯萎花朵以促进新花绽放。

"达格玛·哈斯特鲁普"玫瑰

绣线菊

绣线菊属植物是非常传统经典的落叶灌木，拥有垂拱的枝条与娇嫩的树叶。不同种绣线菊花期也从五月初到七月不定，届时无数洁白或嫩粉的小花绽放枝头，开满全树。绣线菊属可以构成非常美丽的自然风观花树篱，也可以用来作为补空花卉或群植花卉来装饰整体景观。绣线菊属下有几十个原生种和成百个栽培变种。高约 1.8m 的菱叶绣线菊有着最为经典的新娘花环外形，枝条垂拱拂地，五月末盛放白色小花。另一种有着经典外观的栽培种则为 0.9 ～ 1.5m 高的"雪堆"日本绣线菊。该品种花期为六月份。"雪片"灰白绣线菊高约 0.9 ～ 1.2m，花期比其他栽培种早。

　　除了经典的新娘花环外形，还有另一类花簇圆润且花期较晚的绣线菊。耐寒性较好的粉花绣线菊，开花时一棵树上会同时绽放白色、粉色，以及玫红色的花，与一树闪亮的绿叶交相辉映。其栽培种"安东尼沃特勒"曾被认为是红花绣线菊的栽培种，花期为七月，硕大的深粉色花束约为 1.2 ～ 1.8m 宽。该栽培种一直以来都广受欢迎。

李叶绣线菊

安东尼沃特勒粉花绣线菊

高约 0.6 ～ 0.9m 的"金焰"粉花绣线菊幼叶为红色、紫铜色和橙色；"青柠堆"的叶柠黄中带赤褐色点缀，夏季时变为酸橙绿色，秋季再变为橙红色。

　　栽培：绣线菊属植物的容器苗木或土球苗宜于早春或秋季移栽。绣线菊对土壤类型无特殊要求，但要保持干燥，并且以 pH6.0 ～ 7.0 的酸碱度为宜。移栽后的植株应置于阳光充足、开阔通风的位置。为了维持粉花绣线菊及栽培种的优美外形及促进开花，应在早春植株尚未进入生长季时进行修剪。如果种植传统新娘花环外形的绣线菊，则不应修剪起垂拱的枝条，只需在花期过后从里向外剪除枯死枝条即可。

"金焰"粉花绣线菊

植物档案
"安东尼沃特勒"粉花绣线菊

学名：Spiraea japonica "Anthony Waterer"。**科**：蔷薇科。**植株类型**：落叶观花灌木。**用途**：低矮的观花树篱、孤植树。**高度**：0.9～1.2m。**生长速度**：快速。**生长习性及形态**：低矮且枝展宽阔的灌木，枝型直立上展并呈现优雅的垂拱状。**花期**：六月到八月。**花朵**：深粉色花朵组成扁平的头状花序。**果实**：体积较小的棕色干瘪果实。**叶**：新生叶紫红色，后变为亮绿色。**土壤及酸碱度**：通风良好且排水力良好的地点；pH6.0～7.0。**光照及水分**：全日照；耐受一定程度的干旱。**修剪季节**：早春新生开始之前。

"安东尼沃特勒"粉花绣线菊

红豆杉

红豆杉属植物是所有常绿植物中适应力最强、最实用的树篱植物。该属乔灌木多长深色针叶、红棕色的鳞状树皮，以及豌豆大小的红色丰盈浆果。红豆杉属乔灌木原生于北半球，耐寒性较好。生长缓慢、抗病性强、耐强修剪，这些都让红豆杉属植物成为规则式树篱、绿屏树墙，以及造型树雕的理想之选。红豆杉属植物的种子和叶片含有毒性物质，因此若家中有小孩或宠物，应谨慎种植。

大多数灌木型红豆杉的成树枝展宽度约为高度的二倍，而高约 1.8m 的"福勒匍匐"欧洲红豆杉的枝展更是宽达 4.8m，也因此使其成为非常理想的树篱植物。该栽培种虽为常绿植物，但却有着与众不同的耐阴性，且最宜生长在 pH7.0～7.5 的土壤中。栽培种"金叶"披有金辉熠熠的针叶。密枝欧洲红豆杉为圆柱树形，别名"爱尔兰红豆杉"，能够形成挺拔俊秀的 4.5～9m 高的树篱。在低温超出欧洲红豆杉耐寒能力的地区，可以种植东北红豆杉。矮型栽培种"矮小"东北红豆杉是最受欢迎的品种之一。

间型红豆杉是欧洲红豆杉与东北红豆杉的杂交种。间型红豆杉的栽培种尺寸各异，如树形紧凑、高约 0.9m 的"面团"、1.2～1.5m 高的"密集"、1.8m

间型红豆杉

"伸展"欧洲红豆杉

高的"布朗尼"，以及一直以来都受人欢迎的 3.6m 高的"希克斯"和"哈特菲尔德"。

栽培：早春或秋季时，将红豆杉容器苗或土球苗小心移栽至排水力良好的肥沃腐殖土中。大多数红豆杉喜中性土壤，在阳光或荫蔽中都可茁壮生长。整个生长季都可对枝条末端进行修剪。为维持树篱紧凑，早春剪枝后再于夏季时将柔软的新生芽剪掉。

植物档案
"希克斯"间型红豆杉

学名：Taxus media "Hicksii"。**科**：红豆杉科。**植株类型**：高大的针叶常绿灌木。**用途**：高树篱、屏障。**高度**：3～3.6 m。**生长速度**：慢速到中速。**生长习性及形态**：直立上展的长枝，整体树形为圆柱形。**花朵**：不显眼。**果实**：多肉的红色果实，形似种子。**叶**：墨绿色且富有光泽的针叶。**土壤及酸碱度**：排水力良好，富含腐殖质，肥力足；pH6.0～7.0。**光照及水分**：全日照或半阴。**修剪季节**：早春。

"希克斯"间型红豆杉

"希克斯"间型红豆杉